주기율표 군,
원소를 찾아 줘!

일러두기

- 본문 중 * 표시 설명은 지은이 주입니다.
- 이 책은 콘텐츠 특성상 원서와 동일하게 페이지의 오른쪽을 묶는 제본방식으로 제작되었습니다.
- 이 책에 실린 화학 원소 이름은 〈2022 개정 교육과정에 따른 교과용 도서 개발을 위한 편수자료 III (2023년 3월 기준)〉을 참조하였습니다.
- 나트륨/소듐, 칼륨/포타슘과 같이 혼용이 가능한 경우, '지금까지 사용해 오던 이름을 당분간 그대로 사용하기로 하되 IUPAC 이름인 소듐과 포타슘으로 부를 수 있음을 알 수 있도록 한다'는 원칙에 따라 '나트륨과 칼륨'으로 표기하되, 처음 언급되는 곳에서는 두 개의 이름을 병기하였습니다.

주기율표 군, 원소를 찾아 줘!

우에타니 부부 글 · 그림 | 오승민 옮김 | 사마키 다케오 · 노석구 감수

더숲

미지의 세계와 만나다

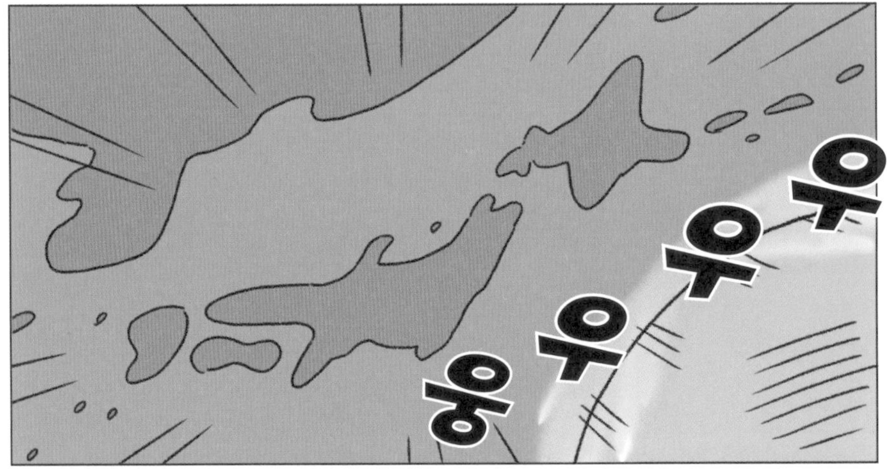

여기는 지구의 어느 섬
외진 곳에 있는 연구소
우우웅

박사의 자택 겸
연구실이다.
아라하 박사
…오오
그렇군

우우우웅
흠…

우우웅
소리가
크네…

우당탕탕
무슨
일이지?!

아니지.
우선
바깥을
살펴
봐야겠다.
쓱
그럼
빨리
대피소로
가야
하는데
…
…
화산이
폭발했나?
잉?
슈우욱…
이건
우주선?!
뭐지!!

슈우욱
저… 거기 누구 있어요?
괜찮아요?
철컥
설마 외계인이 타고 있는 건 아니겠지?
덜컹
수잉ㅡ
?! 뭐가 나오는데?!
비틀 비틀
아이고야…
죽는 줄 알았네.
?!

저기…
!!
…지구인이세요?

그러는 자네는 설마 외계인?!
뭐… 지구인이 보기엔 그렇겠네요.

제 이름은…
어라? 뭐였지?

어라?
생각이 안 나…
괜찮은가?

좀 전에 받은 충격으로 기억이 사라졌나…?

아, 네.
고맙습니다.
정말
친절하시네요.
우리 집이
바로 앞인데
같이 갈래요?
어쨌거나
외계인이
진짜로 있다니!
꼭 한번 만나 보고
싶었는데 잘됐군!

난 아라하
박사라고 해요.
반가워요.
알로하
박사?
하하하,
알로하가 아니고 아라하.
내가 알로하 셔츠
덕후이긴 하지.
발음이
비슷해서
헷갈렸어요.

3
집 밖에 있는 원소

4
찾을 수 없는 원소와 독특한 원소

5
재밌게 배우는 원소 도감

박사님의 한마디

차 례

1 원소와 주기율표

2 일상 속 원소

아라하 박사

왕년에 연구소 등에서 일했다.
지금은 시내에서 떨어진 한적한 곳에 아라하 연구소를 열고
좋아하는 분야를 홀로 연구하며 지내고 있다.
하와이 알로하 셔츠를 즐겨 입는다.

등장인물 소개

주기율표 군

지구와 멀리 떨어진 우주 저편 '두근두근 행성'에서
우주선을 타고 지구를 찾아온 외계인.
지구 착륙 때 받은 충격으로
이름과 지구로 온 목적 등 모든 기억을 잃어버렸다.
주기율표 군이라는 이름은 아로하 박사가 나중에 붙여 준 것이다.
팔을 길게 뻗을 수 있다.

이 책에서는 여러 가지 원소를 만화와 그림으로 소개하고 설명합니다.
제5장에 나오는 각 원소 도감은 만화와 함께 읽으면 훨씬 재미있게 읽을 수 있습니다
(원소 도감 읽는 방법 120쪽).

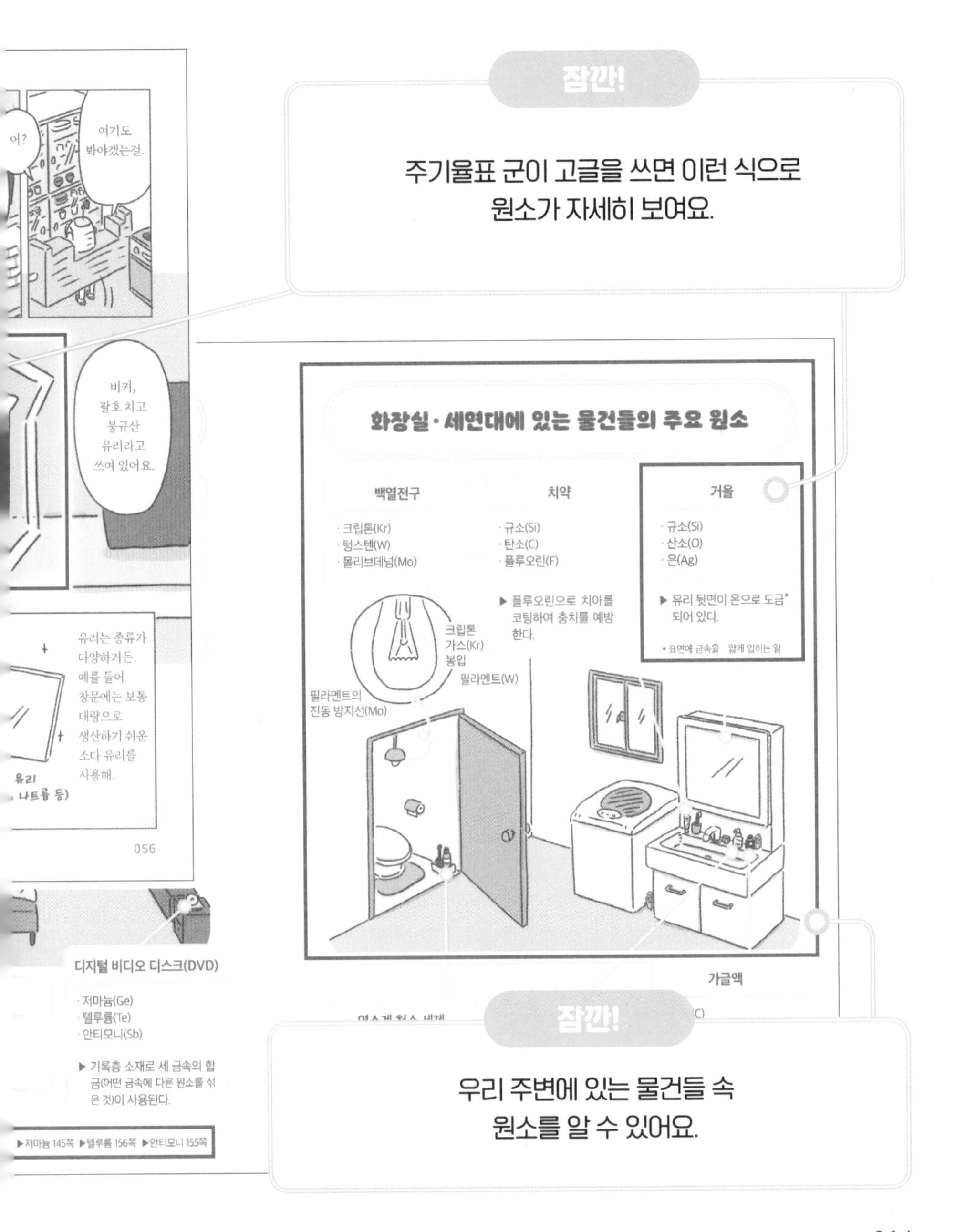

이 책을 읽는 방법

역시…
모두 중요한 원소니까.
마그네슘(Mg), 규소(Si), 리튬(Li)이라고 나와요.
지건 노트북이네요.
아—
삐삐삐
삐삐삐
먼저 마그네슘은 가볍고 튼튼해서 본체에 사용하고
잠깐!
좀 더 알고 싶은 사람을 위한 정보 코너
박사님, 이 방에 들어가도 돼요?
물론 이지.
감사 합니다!
난 잠깐 쉬고 있을 테니까 편히 둘러봐.
박사님의 한 뼘 정보
리튬 이온 배터리를 개발한 업적으로 요시노 아키라가 2019년 노벨 화학상을 수상했다.
리튬 이온 배터리
대폰
전기 자동차
디지털 카메라
정말 다양한 곳에 활약하고 있어!
057
원소 도감 ▶리튬 125쪽
물론 실험용은 따로 있어.
비커에 커피 마시는 걸 좋아하거든.
분석했어요!
삐용
삐용
아하~
비커
(붕규산 유리)
원소 분석 결과
· 규소(Si)
· 산소(O)
· 붕소(B)
붕소는 엄청 힘이 센가 봐요!
열에 강해요.
붕규산 유리
원소 도감 ▶붕소 126쪽
이불 커버(면)
· 탄소(C)
· 수소(H)
· 산소(O)
059
잠깐!
주기율표 군이 발견한 원소를 찾아볼 수 있는 페이지가 쓰여 있어요.

슈우우욱…

1

원소와 주기율표

괜찮나?
?
삐~ 삐~

삐~ 삐~
저를 보신 적이…?
그런데 어디서 많이 본 적이 있단 말이야…

제1화
비밀 도구

저건가…
삐용 삐용
삐~ 삐~

뭐지?
삐~ 삐~
삐용 삐용

삐용 삐용
삐용
삐~ 삐~
우주선 안에서 뭔가 반짝이는데 그거랑 상관이 있나?
어?

다행히 소리랑 빛이 멈췄군. 그런데 팔이 엄청 길어지네.
뚜벅 뚜벅
아— 하나도 생각이 안 나.

삐~ …
이게 뭐였더라…
삐~ 삐~
조용…
철컥
삐용 삐용

어서 들어 오게.
실례 하겠습니다.
꾸벅
일단 우리 집으로 들어가지.
집이 아주 멋져요.
하하하, 고마워.
종 종
1층은 내가 직접 만든 연구소이고, 2층은 내가 지내는 곳이야.
난 젊었을 땐 연구소와 대학에서 일했는데, 지금은 은퇴해서 여기서 하고 싶은 걸 연구하며 살고 있지.
오~!!

성큼
성큼
아, 의자를 갖다 줘야겠군.

여기 앉게나.
고맙습니다.

그럼 자네 소개도 부탁할게.
네…

…
맞다!

저는 ‘두근두근 행성’ 이라는 별에서 왔어요. 제 이름은… 어? 기억이 안 나요.
지구에 온 목적은… 그 목적 때문에 지구에 대해 공부했는데 불시착할 때 충격으로 그 중요한 걸 잊어버렸어요. 뭔가 해야 할 일이…

여기에 힌트가 있을지도 몰라요!
그런데 이걸 열려면…

영차
턱
이건가?
콕
덜컹
열렸어요!!
붕~
어?!
팍
탁
철커덕

오오!
짜
잔

삐
삐
삐
엇!
삐
삐
삐

놀랍군.
그 고글이랑
시계, 책은
생각나니?
아니요
…
아,
근데
박사님
…

삐빅
삐빅
?
인간
(아라하 박사)
원소 분석 결과
· 산소(O)
· 탄소(C)
· 수소(H)

어—
그 세 원소가 …

박사님은…
산소, 탄소, 수소 …

나를 구성하는 원소라고?
헉
네, 그런 거 같…
잘 듣거라. 고글을 쓰고 사물 이름을 말하면 그 사물을 구성하는 대표 원소를 알 수 있단다.

호~ 대단한걸.

지금 조금 생각났어요.
고글을 쓰고 사물 이름을 말하면 구성 원소를 알아낼 수 있어요.

파
H
파
C
O
팟
몸에 글자가 떠요.

보는 것만으로 원소를 알아낼 수 있다니 엄청난 기술이야. 지구엔 아직 없는데…
앗

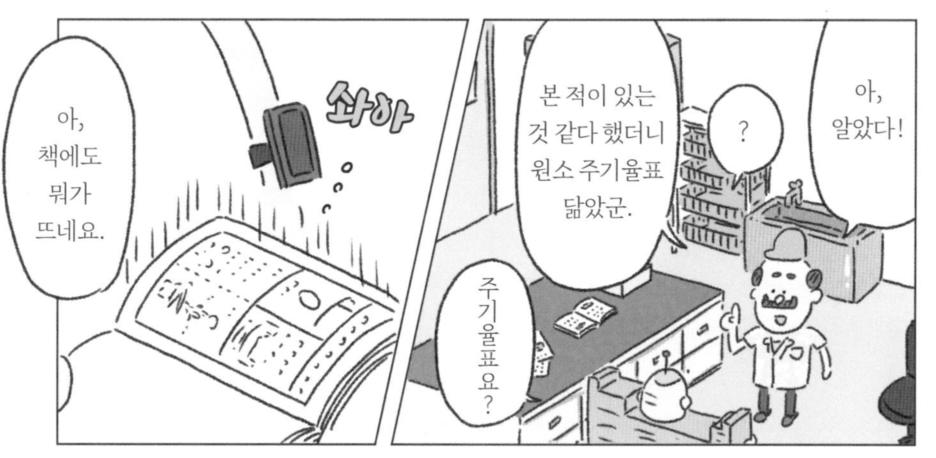
아, 책에도 뭐가 뜨네요.
솨아
아, 알았다!
?
본 적이 있는 것 같다 했더니 원소 주기율표 닮았군.
주기율표요?

원소? 주기율표? 하나도 생각이 안 나… 뭐였더라…
흐음! 아까 그 세 원소 부분에만 설명이 생겼어…
원자 번호 순서로 나열되어 있고
사라락

좀 보여 줄래?
그럼요.
쓰윽

원소 도감 ▶산소 129쪽 ▶탄소 127쪽 ▶수소 124쪽

원소를
찾아내서
이 책을
완성하는 게
바로 제가
지구로 온
목적… 인 거
같아요.
그렇군.

그리고
다른
페이지는
백지야.
지구에서
이 책을
완성하거라!
헉

그러니까
먼저 고글을
쓰면 사물의
원소가
보이고…
그다음엔
원소 기호가
몸에 뜨고
책에
자세한
정보가
나온다,
이거로군.

그런데
그
시계는?
네?
글쎄요.

일단 켜
볼게요.
삑

아
삐
빅
뭐가
나와요.

짠
미션 달성도
3/118
고글을 쓰고 지구상에 있는 원소를 찾아내어 책을 완성하시오.
역시…

미션…
이걸 누르면 …
1 미션 상황
2 주기율표
3
4

여기 자세히 나와요!
역시 원소를 찾아내 주기율표를 완성하는 게 미션이었어요.
모두 찾아내는 건 좀…
궁금했는데 속이 시원하네! 열심히 해야겠군!
음— 하지만 전부는…
근데…

저는 지금 원소가 뭔지도 생각 안 나요. 두근두근 행성에서 분명 공부했을 텐데…
그건 내가 가르쳐 줄 수 있어. 원소랑 주기율표는 나도 정말 좋아하거든. 봐, 콧수염도 주기율표 모양이잖아.
정말 고맙습니다! 그럼 한 수 가르쳐 주세요!
그래. 오늘은 늦었으니까 그만 자자.
네!
연구소

주기율표 군의 장비 해설

원소 분석 고글

▶ 고글을 통해 사물을 보고 그 이름을 말하면 구성 원소를 알 수 있다.

주기율표 군의 몸

▶ 알아낸 원소의 기호가 몸통에 표시된다. 118개 원소가 모두 나타나면…

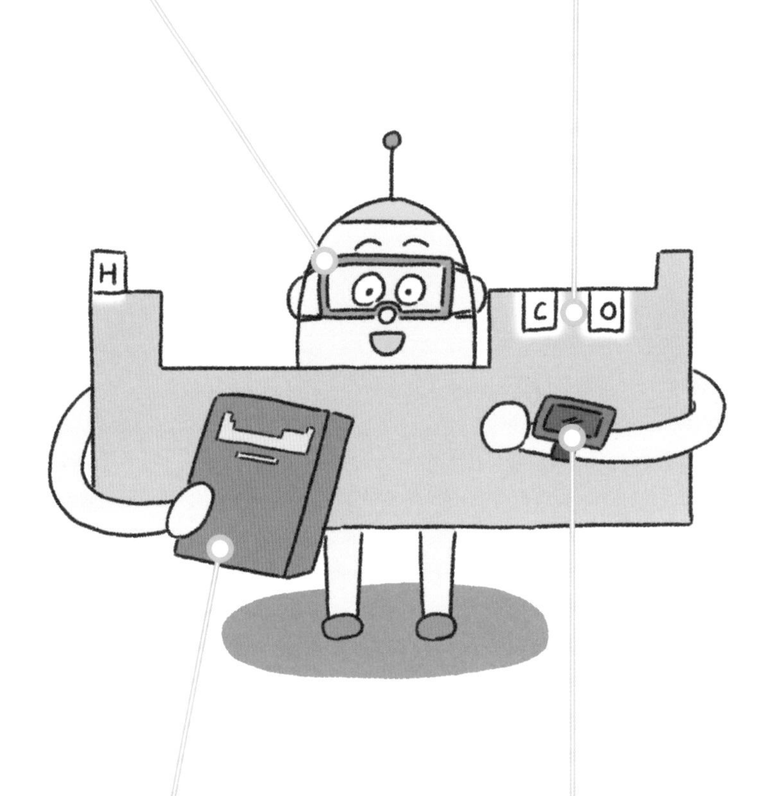

디지털 원소 책

▶ 고글을 쓰고 원소를 발견하면 그 원소에 관한 정보가 책에 표시된다.

원소 탐색 시계

▶ 미션 달성도 이외에 지구 관광 정보 등이 탑재되어 있다.

어?

아침이다.
깜빡
깜빡

짹 짹

제2화 원소란?

총
총
총
주기율표 군,
안녕.
잘 잤니?
네,
박사님.
안녕히
주무셨어요?

박사님
집이지…
벌떡
맞다—

이름을
까먹었다고 하니
주기율표 군이라고
불러도 될까?
물론이죠.
하지만…
…
'주기율표 군'
이요?
아, 참.

그럼 미션을
시작하기 전에
원소와 주기율표부터
배워야겠군.
고맙습니다.

주기율표가
뭔지 잘
몰라서요.
아직
기억이…
그렇겠
구나.

원자요?
원소랑
다른 거예요?
주기율표 군은
앞으로 지구에서
찾아내야 하는 원소를
이해하기 전에
'원자'부터 알아야 해.
그럼
시작해
보자.

비슷한 듯
다른 듯,
좀
복잡하단
말이야.
일단 원자부터
시작하자.
원자란 눈으로
볼 수 없을 만큼
아주아주 작은
입자를 말해.
이 모자도,
펜도, 칠판도,
그리고 내 몸도
잘게 쪼개다
보면 모두 원자에
도달하게 되지.

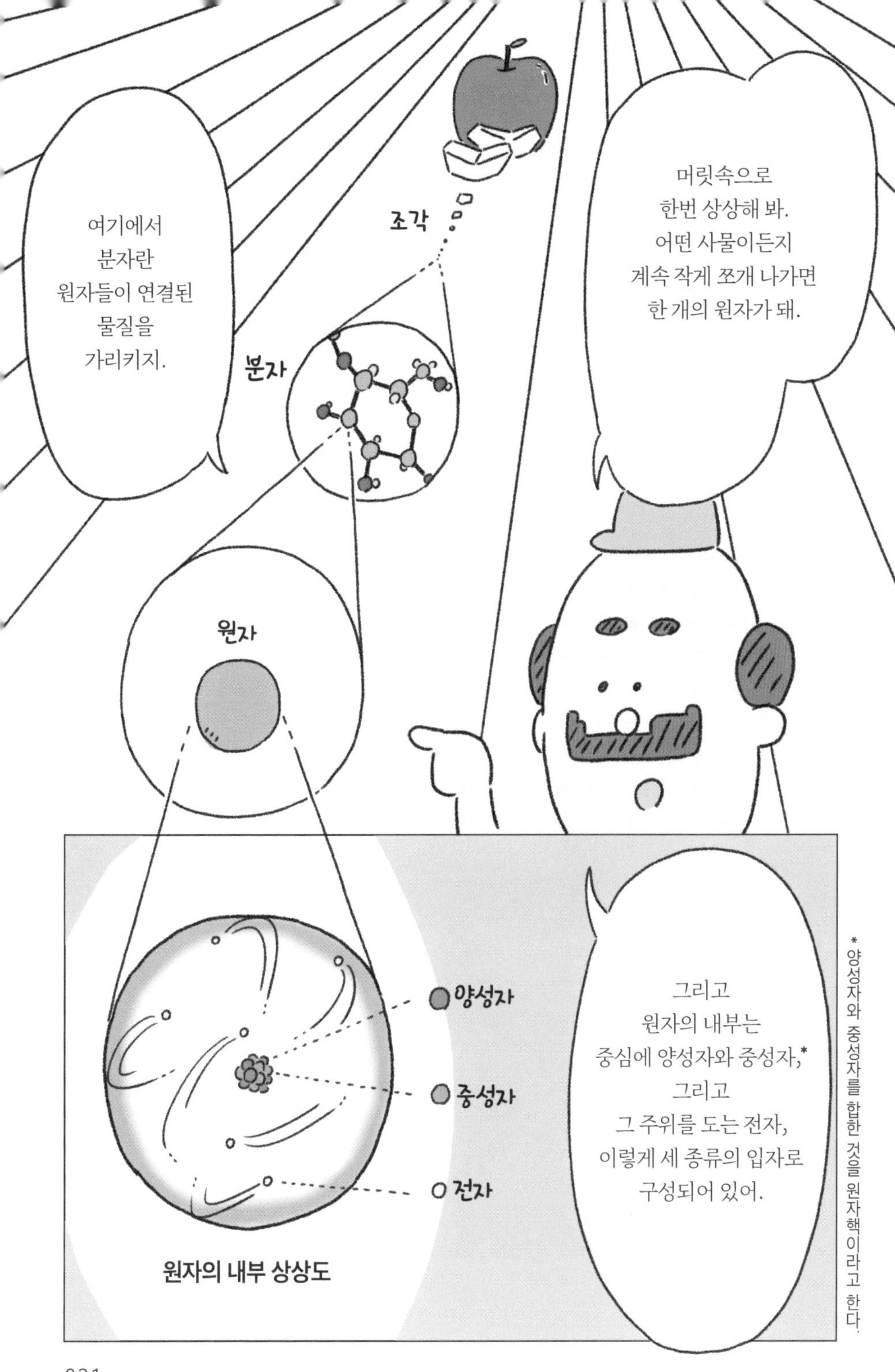

* 양성자와 중성자를 합한 것을 원자핵이라고 한다.

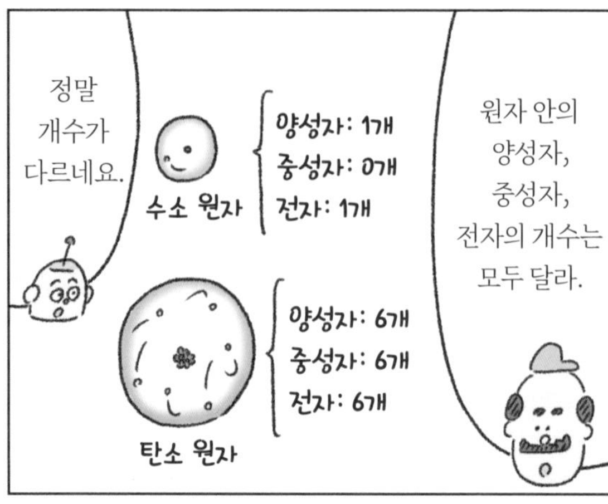

원자 안의 양성자, 중성자, 전자의 개수는 모두 달라.

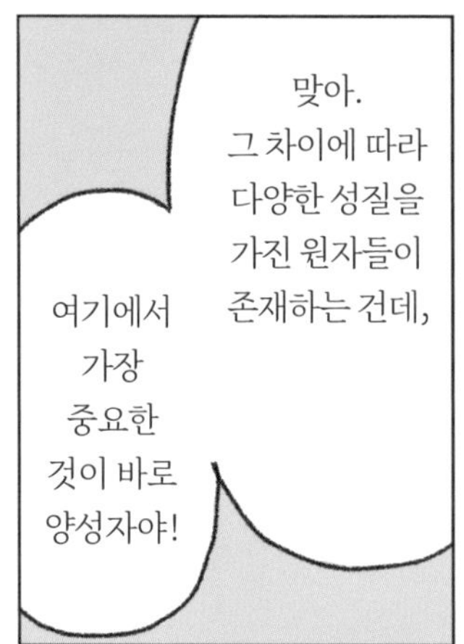

맞아. 그 차이에 따라 다양한 성질을 가진 원자들이 존재하는 건데,
여기에서 가장 중요한 것이 바로 양성자야!

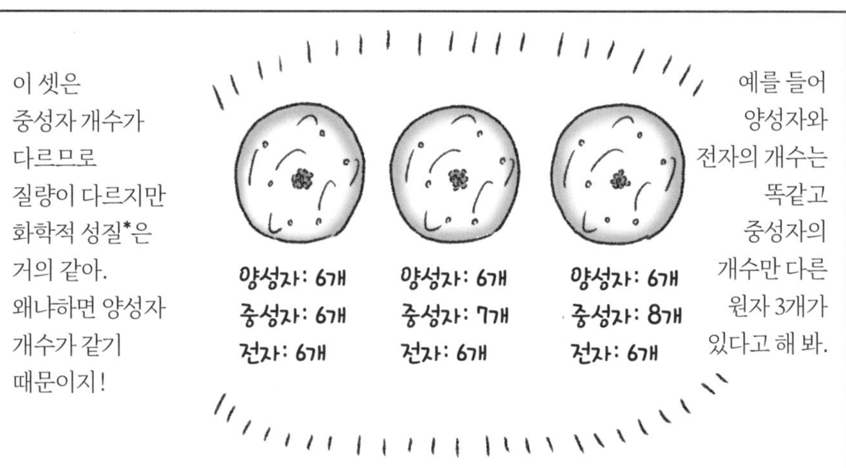

예를 들어 양성자와 전자의 개수는 똑같고 중성자의 개수만 다른 원자 3개가 있다고 해 봐.
양성자: 6개
양성자: 1개
중성자: 0개
중성자: 6개
전자: 6개
양성자: 6개
중성자: 7개
전자: 6개
양성자: 6개
중성자: 8개
전자: 6개
이 셋은 중성자 개수가 다르므로 질량이 다르지만 화학적 성질*은 거의 같아. 왜냐하면 양성자 개수가 같기 때문이지!

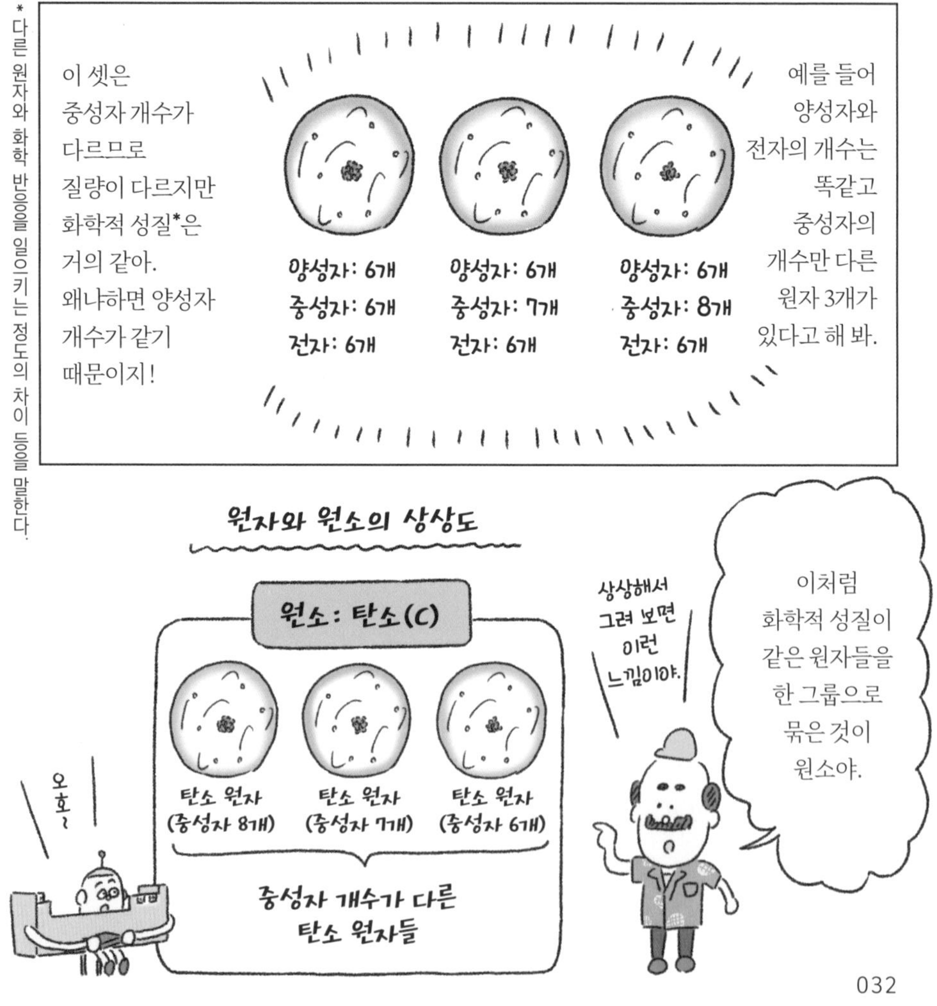

원소: 탄소(C)

상상해서 그려 보면 이런 느낌이야.
이처럼 화학적 성질이 같은 원자들을 한 그룹으로 묶은 것이 원소야.

* 다른 원자와 화학 반응을 일으키는 정도의 차이 등을 말한다.

6
그럼 이 숫자는 뭐예요?

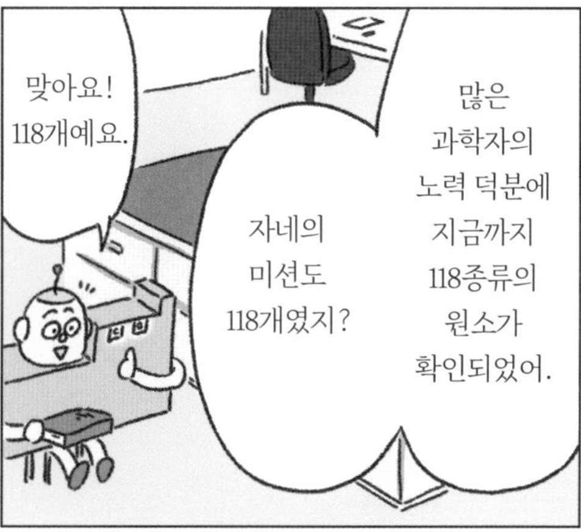
많은 과학자의 노력 덕분에 지금까지 118종류의 원소가 확인되었어.
자네의 미션도 118개였지?
맞아요! 118개예요.

그건 각 원소에 붙여진 원자 번호야. 1부터 118까지 있는데—
그 번호는 좀 전에 말한 원자 속 양성자 개수랑 같단다.
정말요? 신기해라!
즉 탄소 원자의 양성자 개수가 6개여서 탄소의 원자 번호는 6이 되는 거지.

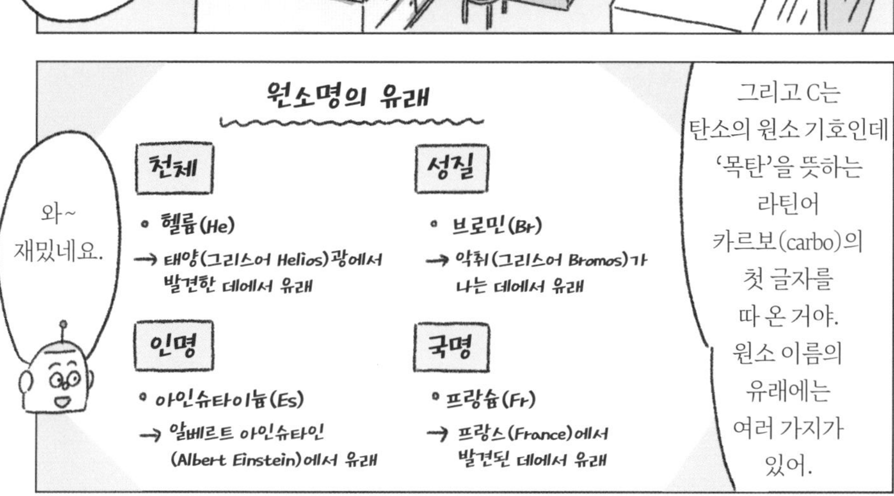
그리고 C는 탄소의 원소 기호인데 '목탄'을 뜻하는 라틴어 카르보(carbo)의 첫 글자를 따 온 거야. 원소 이름의 유래에는 여러 가지가 있어.
원소명의 유래
천체
◦ 헬륨(He)
→ 태양(그리스어 Helios)광에서 발견한 데에서 유래
성질
◦ 브로민(Br)
→ 악취(그리스어 Bromos)가 나는 데에서 유래
인명
◦ 아인슈타이늄(Es)
→ 알베르트 아인슈타인(Albert Einstein)에서 유래
국명
◦ 프랑슘(Fr)
→ 프랑스(France)에서 발견된 데에서 유래
와~ 재밌네요.

원자와 원소

원자란?

모든 물질을
구성하는 작은 입자.
양성자와 중성자,
전자로 이루어져 있다.

원소란?

원자 중에서
양성자 개수가
같은 것들을 묶은 것.
또는 이를 가리키는 용어다.

★ 물(H_2O)로 좀 더 자세히 설명하면

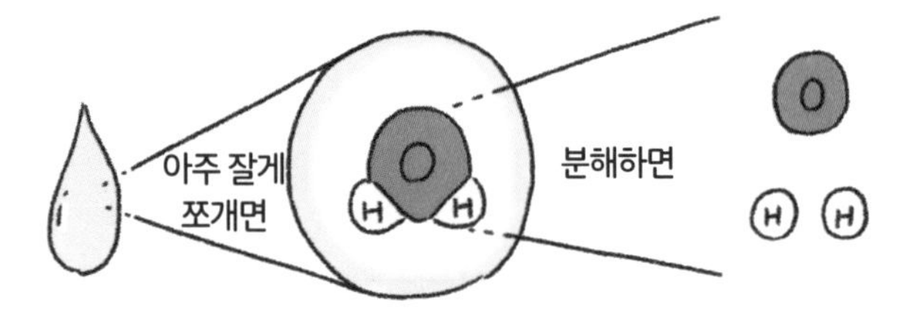

물 **분자** **원자**

'원자'로 물을 설명한 예문

물은 수소 원자 2개와
산소 원자 1개, 총 3개의 원자로
구성되어 있다.

'원소'로 물을 설명한 예문

물은 수소와 산소,
2가지 원소로
구성되어 있다.

둘 다 맞는 표현입니다.

맞아.
주기율표란 아까 말한 원소들이 배열된 표인데, '원소 지도'라 불릴 만큼 잘 만들어져 있단다.
그래요?

제 몸통 말씀이죠?
이제 주기율표 이야기를 해 볼까.

제3화

원소 주기율표란?

원소를 가벼운 순서대로 배열하면… 주기성이 보인다!

물과 격렬하게 반응하는 성질

물과 격렬하게 반응하는 성질

물과 격렬하게 반응하는 성질

Li	Be	B	C	N	O	F	Ne	Na	Mg	Al	Si	P	S	Cl	Ar	K	Ca	Sc	Ti	V	Cr

원소를 원자 번호 순서대로 배열하면 일정한 주기마다 비슷한 성질을 지닌 원소가 나타나는 흥미로운 특징이 있지.

주기 부분에서 잘라서 배열하면…

Li	Be	B	C	N	O	F	Ne
Na	Mg	Al	Si	P	S	Cl	Ar
K	Ca	Sc	…				

비슷한 성질의 원소가 모인다!

그래서 이름이 주기율표구나.

그 주기 부분을 뚝 잘라서 늘어놓으면 성질이 닮은 원소들이 세로로 배열되는 표를 얻을 수 있는데, 그게 주기율표야.

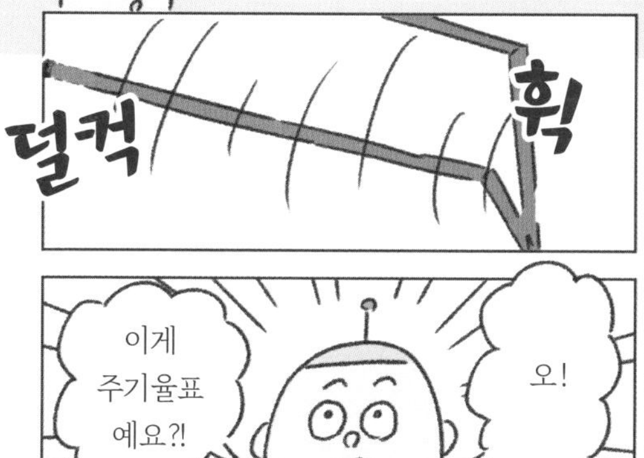

덜컥
휙
이게 주기율표예요?!
오!

바로 그거야! 눈으로 직접 보는 게 좋겠지?

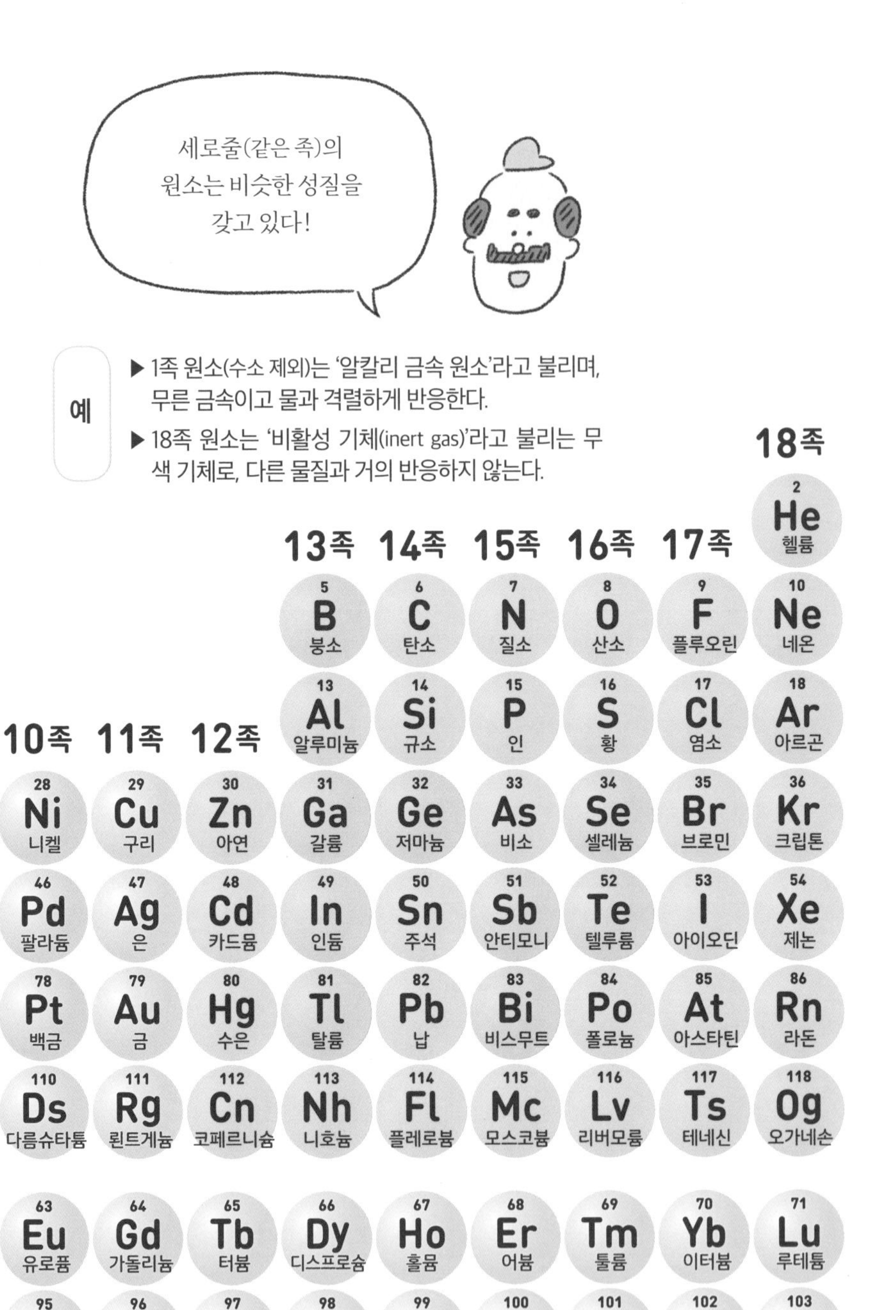

예

- ▶ 1족 원소(수소 제외)는 '알칼리 금속 원소'라고 불리며, 무른 금속이고 물과 격렬하게 반응한다.
- ▶ 18족 원소는 '비활성 기체(inert gas)'라고 불리는 무색 기체로, 다른 물질과 거의 반응하지 않는다.

원소 주기율표

세로줄은 '족', 가로줄은 '주기'라고 부른다.
예를 들어 산소는 16족 2주기다.
이처럼 족과 주기로 원소가 주기율표에서
어디에 위치하는지를 알 수 있다.

전형 원소

1~2족, 12~18족을 '전형 원소'라고 한다. 세로로 늘어선 원소들은 성질이 유사하다.

전이 원소

3~11족을 '전이 원소'라 하며, 세로뿐만 아니라 가로의 원소들도 성질이 유사하다.

	1족	2족	3족	4족	5족	6족	7족	8족
1주기	1 H 수소							
2주기	3 Li 리튬	4 Be 베릴륨						
3주기	11 Na 나트륨(소듐)	12 Mg 마그네슘						
4주기	19 K 칼륨(포타슘)	20 Ca 칼슘	21 Sc 스칸듐	22 Ti 타이타늄	23 V 바나듐	24 Cr 크로뮴	25 Mn 망가니즈	26 Fe 철
5주기	37 Rb 루비듐	38 Sr 스트론튬	39 Y 이트륨	40 Zr 지르코늄	41 Nb 나이오븀	42 Mo 몰리브데넘	43 Tc 테크네튬	44 Ru 루테늄
6주기	55 Cs 세슘	56 Ba 바륨	57~71 란타넘족	72 Hf 하프늄	73 Ta 탄탈럼	74 W 텅스텐	75 Re 레늄	76 Os 오스뮴
7주기	87 Fr 프랑슘	88 Ra 라듐	89~103 악티늄족	104 Rf 러더포듐	105 Db 더브늄	106 Sg 시보귬	107 Bh 보륨	108 Hs 하슘

57 La 란타넘	58 Ce 세륨	59 Pr 프라세오디뮴	60 Nd 네오디뮴	61 Pm 프로메튬
89 Ac 악티늄	90 Th 토륨	91 Pa 프로트악티늄	92 U 우라늄	93 Np 넵투늄

원자 번호 ········ 6
원소 기호 ········ C
원소명 ········ 탄소

원소 주기율표
금속 원소와 비금속 원소로 나누는 방법도 있고
주기율표
성질이 유사한 원소끼리 색으로 구별한 것도 있어.
하지만 주기율표의 모양은 모두 똑같아.
참고로 이건 전형 원소와 전이 원소로 나눈 표인데
원소 배열이 다른 표가 몇 가지 더 있지.
원소
드미트리 멘델레예프 (1834~1907년)
음…
응. 러시아 화학자인데 원소 주기율표의 원형을 만든 분이지.
맞아. 이게 다 멘델레예프 씨 덕분이야.
멘델레예프?
유사한 성질의 원소끼리 배열하게 만들다니 참 대단하네요~ 이가 빠진 것처럼 위가 빈 것도 그래서인가 봐요.
그는 원소명을 적은 카드를 만들어 비슷한 성질을 가진 원소끼리 배열되도록 몇 번이고 시행착오를 거듭했어.
음~ 그다음 무거운 원소는…
표를 훌륭하게 완성하고 1869년에 발표했지.
완성!
이거 봐!
원소명을 써 넣은 카드

* 물음표(?)의 오른쪽에 있는 숫자는 원자량(쉽게 말하면 무게)을 나타낸다.

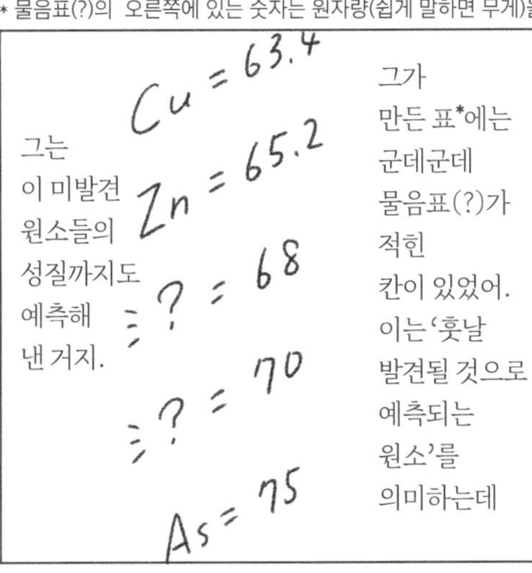

그는 이 미발견 원소들의 성질까지도 예측해 낸 거지.
Cu = 63.4
Zn = 65.2
? = 68
? = 70
As = 75
그가 만든 표*에는 군데군데 물음표(?)가 적힌 칸이 있었어. 이는 '훗날 발견될 것으로 예측되는 원소'를 의미하는데

다만 이 표가 과학계에서 바로 널리 쓰이진 않았지.
그런데 어떤 예측이 적중하면서 상황이 크게 바뀌었단다.

그 후로도 멘델레예프의 ?에 해당하는 원소들이 발견되면서 그가 만든 표의 우수성이 인정되어 전 세계로 보급되기 시작했지.
에헴!

6년 뒤 정말로 갈륨이라는 원소가 발견되었는데 ?를 써 놓은 원소 중 하나였던 거야.
멘델레예프가 예측한 성질과 거의 일치해!
멘델레예프 표는 아주 훌륭해!
오! 예측이 적중 했군요!

이제 원소와 주기율표를 이해하겠지?
네! 너무 재밌어요. 빨리 더 알고 싶어요!

그 뒤 많은 원소가 발견되었어.*
그에 따라 주기율표도 개량되면서 지금의 형태가 된 거지.
주기율표에도 역사가 있네요~
끄덕 끄덕

* 당시 발견된 원소는 약 60종류였다.

열심히
공부해야지~!
H
C
O

2

일상 속 원소

제4화

인체의 원소

그럼 신나게 원소를 찾아볼까나~!
찰칵
참, 어제 주기율표 군이 나를 봤을 때 나온 원소 얘기도 해야겠군.

어서 해 주세요.
쓱

나를 보고 산소(O), 탄소(C), 수소(H), 이렇게 3개가 떴다는 건
아마도 고글로 본 물체에 들어 있는 원소 중 주요 원소를 나타낸 것일 게야.
빠빅
빠빅
?
인간
(아라하 박사)
원소 분석 결과
· 산소(O)
· 탄소(C)
· 수소(H)
주요 원소라…

인간은 여러 원소로 만들어져 있는데
그중에서 산소, 탄소, 수소가 가장 많지.

그럼 하나씩 살펴볼까?
네!

먼저 산소와 수소를 알아보자. 몸무게의 약 60%가 수분인 사실은 알고 있겠지? 세포 안에 들어 있거나 혈액과 림프액 등이 이에 해당하지.
인간은 60%가 수분
혈액과 림프액 세포에 들어 있는 액체 등
그리고 물은 산소와 수소로 구성되어 있거든.
산소 군
그러니까 당연히 이 두 원소가 많겠죠.
산소 원자
수소 원자
수소 군
이번엔 탄소.
탄소는 근육이나 피부 등 인체의 형태를 만드는 단백질과 지방의 주요 원소야.
음식 안에 풍부하게 들어 있어서 우리가 밥을 먹으면 몸 안으로 들어오지.
냠냠
꿀꺽
탄소 군

이 산소, 탄소, 수소는 인간뿐만 아니라 다른 동물과 식물에도 많이 들어 있어.
생물들에겐 무척 친숙한 원소군요~

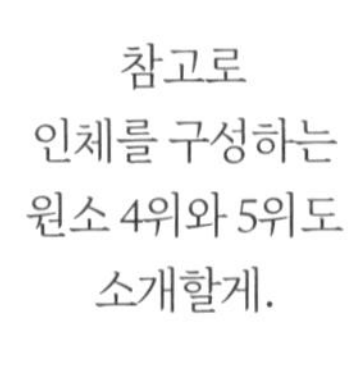
참고로
인체를 구성하는
원소 4위와 5위도
소개할게.

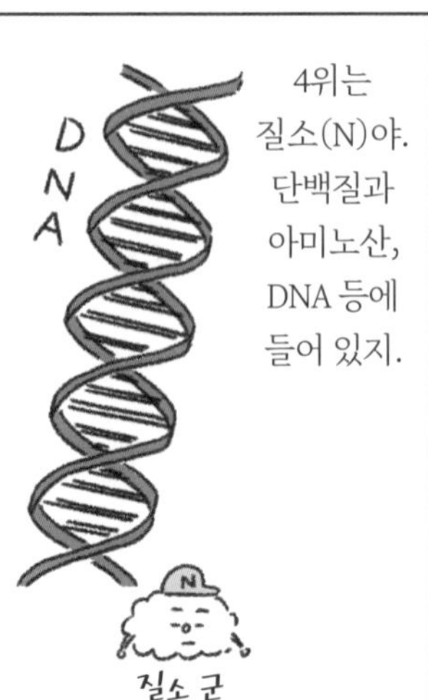
4위는
질소(N)야.
단백질과
아미노산,
DNA 등에
들어 있지.
DNA
질소 군

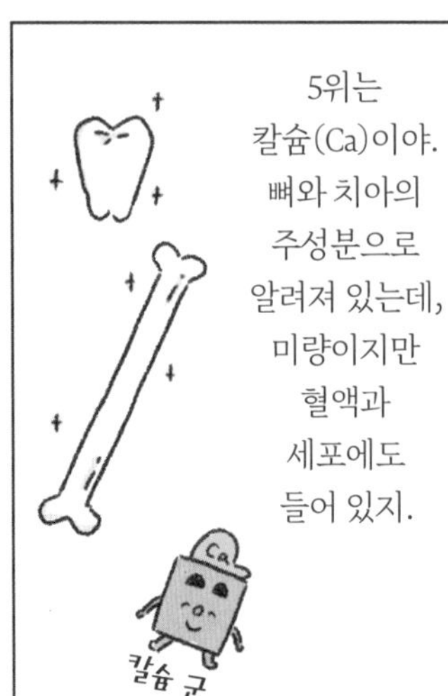
5위는
칼슘(Ca)이야.
뼈와 치아의
주성분으로
알려져 있는데,
미량이지만
혈액과
세포에도
들어 있지.
칼슘 군

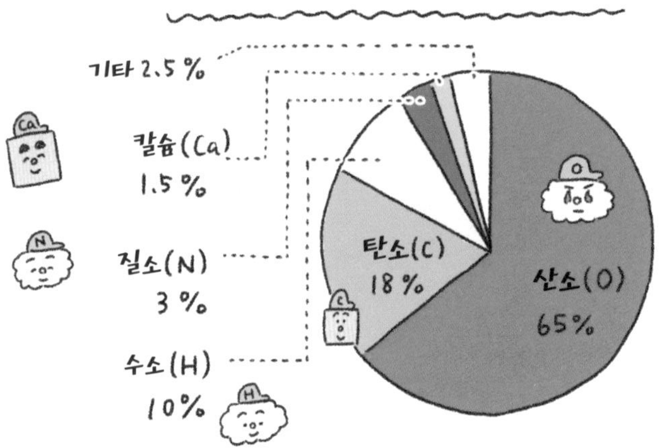
인체를 구성하는 원소(중량비)
기타 2.5%
칼슘(Ca) 1.5%
질소(N) 3%
수소(H) 10%
탄소(C) 18%
산소(O) 65%
일단 5위까지
소개했는데
각 원소의
중량비를
그래프로
나타내면
이렇게 되지.

그림으로
보니까
상위
세 원소가
대부분을
차지하고
있네요.
그렇지?
이 3개가
93%를
차지하는군.

하지만
'기타'에 포함된
소량 원소나
미량 원소도
인체에서
매우 중요한
작용을
한단다.
소량 원소랑
미량 원소라
…

칼륨(포타슘) 군
나트륨(소듐) 군
그리고
0.2%밖에 안 되는 칼륨(K),
0.15%인 나트륨(Na)도
근육과 신경이 기능하는 데
없어서는 안 되는 원소야.
불룩
불룩
황(S)이라는 원소를
예로 들어 볼까? 0.25%밖에
들어 있지 않지만 머리카락과
손톱, 발톱의 구성 성분에
많이 포함되어 있지.
만약 황이
부족하면
머리카락과
손톱, 발톱이
약해져.
황 군

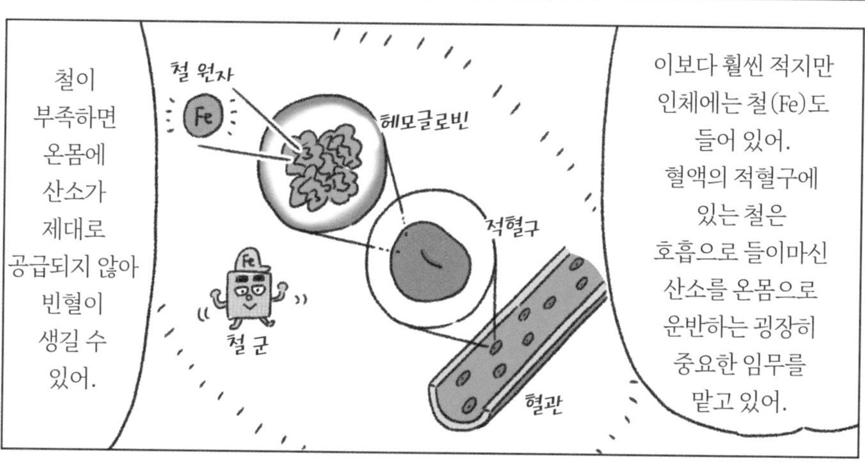
이보다 훨씬 적지만
인체에는 철(Fe)도
들어 있어.
혈액의 적혈구에
있는 철은
호흡으로 들이마신
산소를 온몸으로
운반하는 굉장히
중요한 임무를
맡고 있어.
철 원자
Fe
헤모글로빈
적혈구
혈관
철 군
철이
부족하면
온몸에
산소가
제대로
공급되지 않아
빈혈이
생길 수
있어.

그러니까
편식하지 말고
뭐든지 골고루
잘 먹어야 해.
알겠지?
저는
음식이
필요 없는데요
…
아~
우주인
이지…

인간은
이렇게
다양한
원소들에게
도움을
받고
있단다.
고마워~

인체를 구성하는 원소들

분류	원소명(원소 기호)	몸무게 60kg 안에 들어 있는 양(비율)	위치
다량 원소	산소(O)	39kg(65%)	수분, 단백질, 지방 등
	탄소(C)	11kg(18%)	단백질, 지방, DNA 등
	수소(H)	6kg(10%)	수분, 단백질, 지방 등
	질소(N)	1.8kg(3%)	단백질, DNA 등
	칼슘(Ca)	900g(1.5%)	뼈, 치아, 혈액 등
	인(P)	600g(1%)	뼈, 치아, DNA 등
소량 원소	황(S)	150g(0.25%)	머리카락, 손톱, 발톱, 피부 등
	칼륨(K)	120g(0.2%)	근육 세포 등
	나트륨(Na)	90g(0.15%)	혈액, 세포외액 등
	염소(Cl)	90g(0.15%)	혈액, 위산 등
	마그네슘(Mg)	30g(0.05%)	뼈, 근육 등
미량 원소	철(Fe)	5.1g	혈액, 골수, 간 등
	플루오린(F)	2.6g	치아, 뼈 등
	규소(Si)	1.7g	피부, 손톱, 발톱, 머리카락, 뼈 등
	아연(Zn)	1.7g	눈, 정자, 머리카락 등
	망가니즈(Mn)	86mg	혈액, 단백질 등
	구리(Cu)	68mg	간, 골수 등

(미량 원소는 인체 건강에 필수적인 원소만 기재)

박사님의 한 뼘 정보

사람의 몸무게 1g당 함유된 양에 따라 다량 원소, 소량 원소, 미량 원소로 분류한다.

미량 원소보다 훨씬 적은 초미량 원소도 있다.
셀레늄 군
아이오딘 군
Se
I

제5화

가장 가까이에 있는 원소

박사님, 준비 됐어요.
좋아. 그럼 집 안의 물건부터…
H

그보다 가장 가까이에 있는 공기부터 살펴보자.
공기가 제일 가깝긴 하죠.
C O

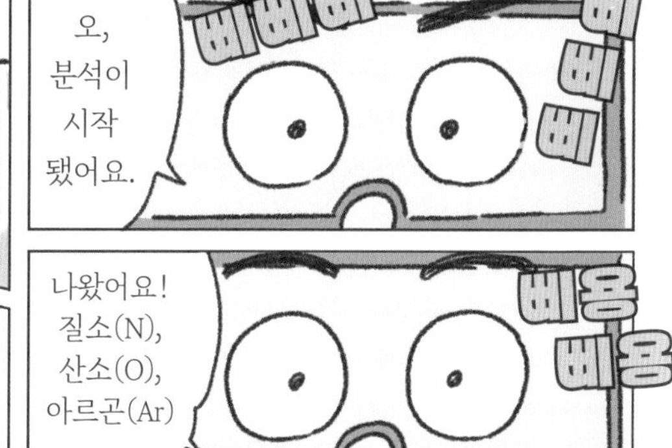

삐삐삐
삐
삐
삐
오, 분석이 시작 됐어요.
삐용
삐용
나왔어요! 질소(N), 산소(O), 아르곤(Ar)…

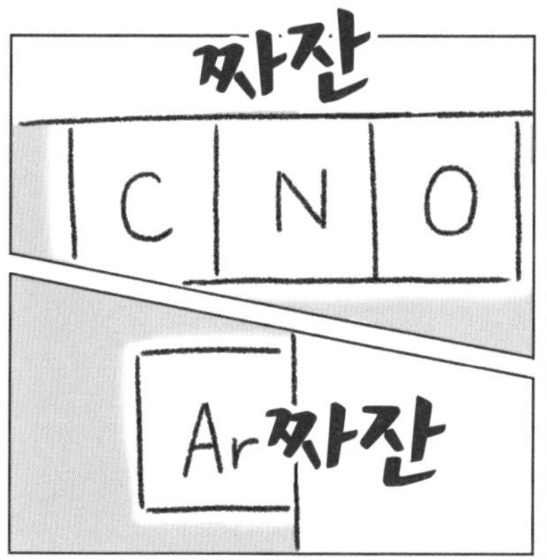

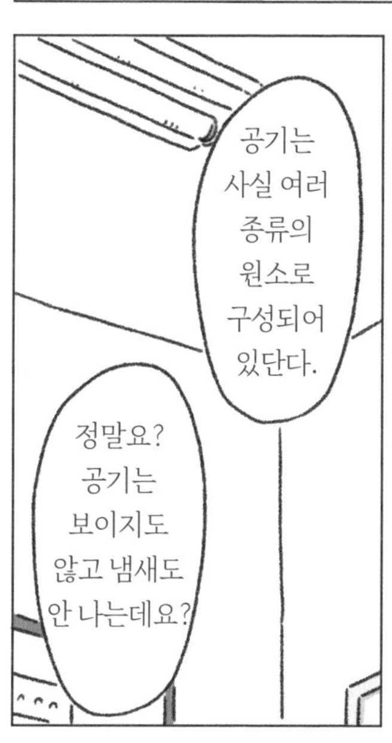

공기는 사실 여러 종류의 원소로 구성되어 있단다.
정말요? 공기는 보이지도 않고 냄새도 안 나는데요?

공기의 성분(수분 제외)
기타 0.1%
(이산화 탄소 등)
산소
21%
아르곤
0.9%
질소
78%
공기의 성분은 다음과 같아. 단 수증기는 양의 변화가 크기 때문에 제외했어.
제일 많은 두 성분만으로 99%!

공기 중에서 산소만 골라내는 거네요.
인체란 참 신비롭지?
후~
폐
이 중에서 중요한 건 역시 산소야. 호흡을 해서 산소를 몸 안으로 들이마시고 이산화 탄소를 뱉어 내지.
하~
더 정확하게 말하자면 '이산화 탄소의 비율이 커진 공기'를 내뱉는다고 할 수 있지.
기타
이산화 탄소
4%
산소 16%
질소
78%
내뱉는 숨의 성분
이처럼 산소는 인체와 지구 모두에게 매우 친숙한 원소야.

지구의 원소

지구는 크게 지각, 맨틀, 핵의 세 층으로 구성되어 있다.

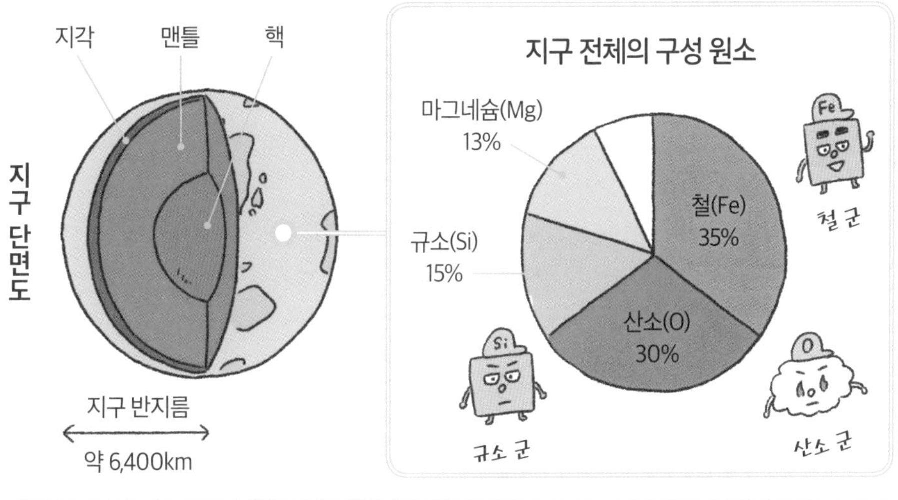

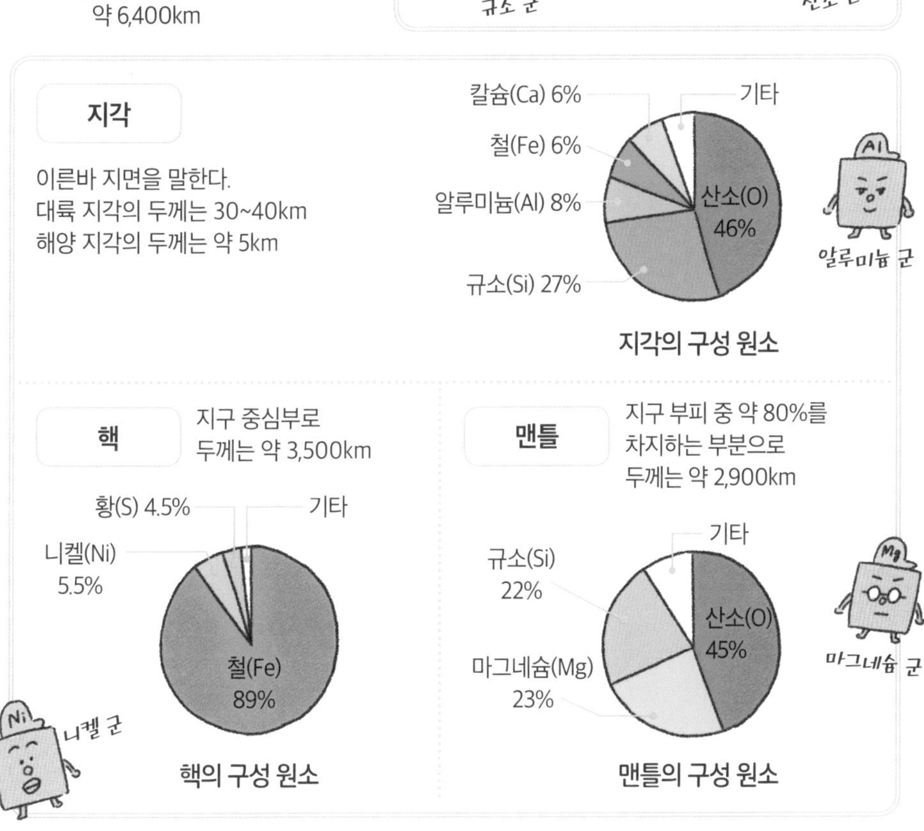

그게 무슨 뜻이에요?!
똑같은 산소라고 해도 존재하는 방법이 다르거든.
오, 좋은 궁금증이야.
산소는 기체로 알고 있는데 지각에도 많이 있네요. 지면 속에 기체라니…
C|N|O

한편 지각 속에서 산소는 주로 규소(Si)라는 원소와 결합한 이산화 규소의 형태로 존재해. 이처럼 두 종류 이상의 원소로 이루어진 물질을 '화합물'이라고 불러.

지각

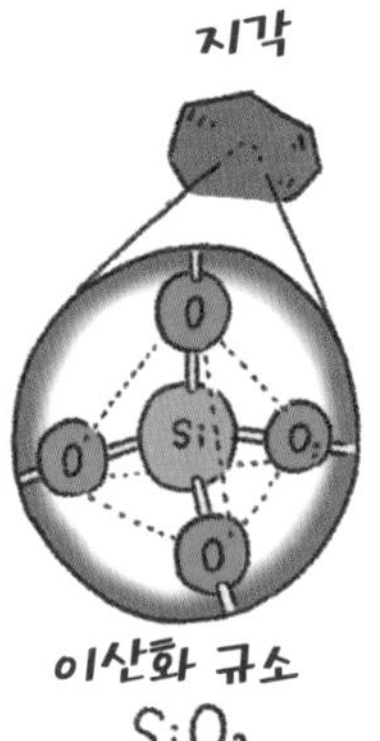

공기

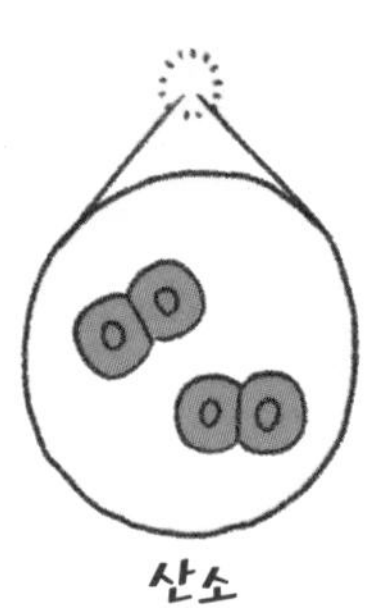

산소

O_2

홑원소 물질

이를테면 공기 중의 산소는 산소 원자가 2개 붙은 형태야. 이렇게 한 종류로만 되어 있는 원소를 '홑원소 물질'이라고 해.

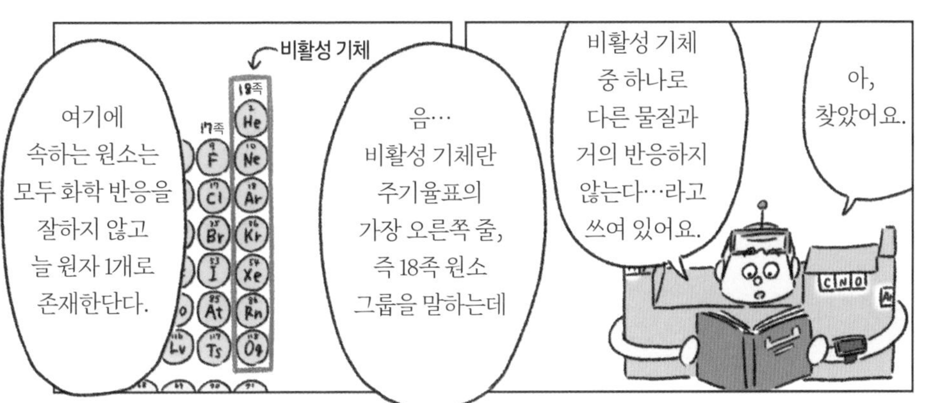
여기에 속하는 원소는 모두 화학 반응을 잘하지 않고 늘 원자 1개로 존재한단다.
비활성 기체
18족
17족
He
F
Ne
Cl
Ar
Br
Kr
I
Xe
At
Rn
Lv
Ts
Og
음… 비활성 기체란 주기율표의 가장 오른쪽 줄, 즉 18족 원소 그룹을 말하는데
비활성 기체 중 하나로 다른 물질과 거의 반응하지 않는다…라고 쓰여 있어요.
아, 찾았어요.
C N O

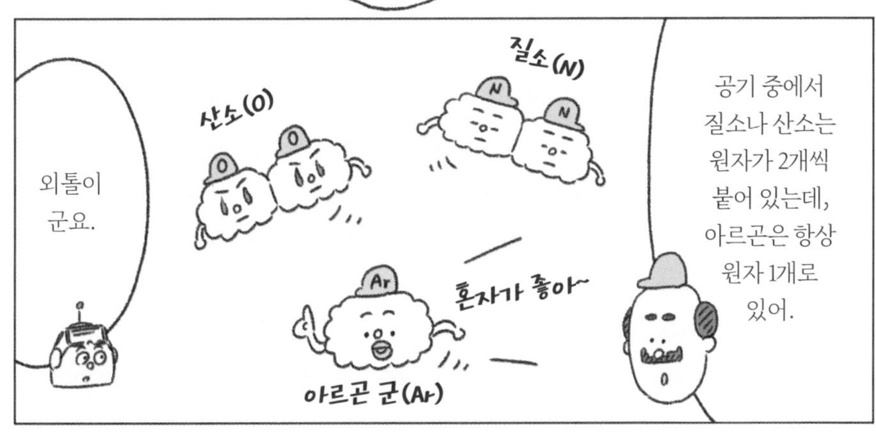
공기 중에서 질소나 산소는 원자가 2개씩 붙어 있는데, 아르곤은 항상 원자 1개로 있어.
질소(N)
산소(O)
혼자가 좋아~
아르곤 군(Ar)
외톨이 군요.

다음으로 발견된 비활성 기체는 네온(Ne)인데 이건 새롭다는 뜻이야.
같은 비활성 기체인데 너무 다르네요…
좀 그렇지?

너무 반응을 안 하니까 화학자들도 그 존재를 눈치 채지 못하고…
우여곡절 끝에 겨우 발견하긴 했지만, 그 성질 때문에 '게으름뱅이'라는 뜻의 이름이 붙여졌지.
발견하느라 진짜 고생했어요
영국 물리학자 존 레일리 (1842~1919년)
좀 안됐네요.

제6화

집 안에 있는 원소

오기 전에 지구에 관한 공부를 했었니?
네. 그래서 물건 이름은 많이 알아요. 이상하게 그런 건 또 기억이 잘 나요.
종 종
성큼 성큼

그럼 진짜 원소 부분만 통째로 까먹었구나.
그런 것 같아요 …

그럼 우선 여러 가지 원소가 있는 부엌부터 가 볼까?
네!

먼저 싱크대부터…
삐삐삐
삐삐삐

나왔어요.
삐용
삐용
…철(Fe), 크로뮴(Cr), 니켈(Ni) 이에요!
C N O
Ni 짜
Cr 자
Fe 잔

스테인
(stain: 녹, 얼룩)이
리스(less: 적다)
하다는 데서
'스테인리스'라는
이름이 생겼지.

그렇구나!

철에 크로뮴이나
니켈을 섞으면
녹이 잘 슬지
않게 된단다.
아하~

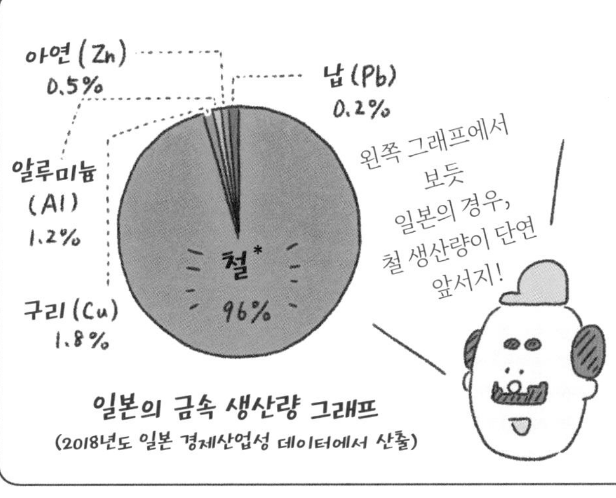

아연 (Zn)
0.5%
납 (Pb)
0.2%
알루미늄
(Al)
1.2%
구리 (Cu)
1.8%
철*
96%
왼쪽 그래프에서
보듯
일본의 경우,
철 생산량이 단연
앞서지!
일본의 금속 생산량 그래프
(2018년도 일본 경제산업성 데이터에서 산출)

박사님의 한 뼘 정보

철은
건물이나
자동차 같은
탈것 등에
폭넓게
대량으로
사용되므로
금속 중에서도
생산량이
압도적으로
많다.

* 정확하게는 철강(철이 주성분인 재료)을 이른다.

이
주방용
랩은…
좋아
좋아
소금은…
삐삐삐
삐삐삐
삐삐삐
두리번
두리번
두리번

그럼
다른 것들도
얼른
살펴봐요!
파이팅!

형광등

· 수은(Hg)
· 아르곤(Ar)

▶ 내부에 채워진 수은 가스가 자외선을 발생시키고 아르곤과 반응하면서 빛을 발한다.

달걀 껍질

· 칼슘(Ca)
· 탄소(C)
· 산소(O)

철 수세미

· 철(Fe)

두부

· 탄소(C)
· 산소(O)
· 마그네슘(Mg)

▶ 두부를 만들 때 사용하는 응고제(간수)에 마그네슘이 들어 있다.

통조림 캔

· 철(Fe)

음료수 캔

· 알루미늄(Al)
· 마그네슘(Mg)

▶ 마그네슘을 첨가하면 알루미늄 강도가 향상된다.

프라이팬

· 알루미늄(Al)
· 마그네슘(Mg)
· 플루오린(F)

▶ 표면을 플루오린으로 코팅하면 눌어붙지 않는다.

▶수은 172쪽 ▶칼슘 136쪽 ▶마그네슘 131쪽 ▶플루오린 130쪽

부엌에 있는 물건들의 주요 원소

소금

· 나트륨(Na)
· 염소(Cl)

주방용 랩

· 탄소(C) · 수소(H) · 염소(Cl)

싱크대

· 철(Fe)
· 크로뮴(Cr)
· 니켈(Ni)

김

· 탄소(C)
· 산소(O)
· 아연(Zn)

건조제

· 규소(Si)
· 코발트(Co)

▶ 코발트의 색 변화로 분량을 알 수 있다.

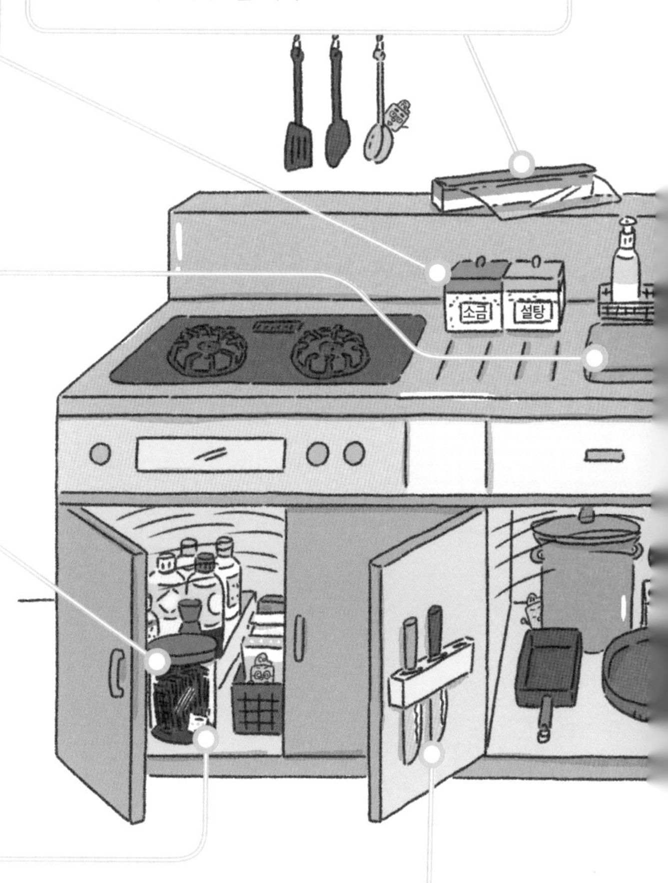

세라믹 칼

· 알루미늄(Al)
· 지르코늄(Zr)

▶ 지르코늄을 첨가하면 경도(단단함)가 향상된다.

★ 이 그림에는 원소 캐릭터가 5개 숨어 있어요!
→ 정답은 184쪽

원소 도감 ▶나트륨(소듐) 131쪽 ▶염소 135쪽 ▶아연 143쪽 ▶규소 133쪽 ▶코발트 141쪽 ▶알루미늄 132쪽 ▶지르코늄 149쪽

물론 실험용은 따로 있어.
비커에 커피 마시는 걸 좋아하거든.
삐용 삐용
분석했어요!
아하~
어?
비커가 있네?
여기도 봐야겠는걸.
비커
(붕규산 유리)
원소 분석 결과
· 규소(Si)
· 산소(O)
· 붕소(B)
비커, 괄호 치고 붕규산 유리라고 쓰여 있어요.

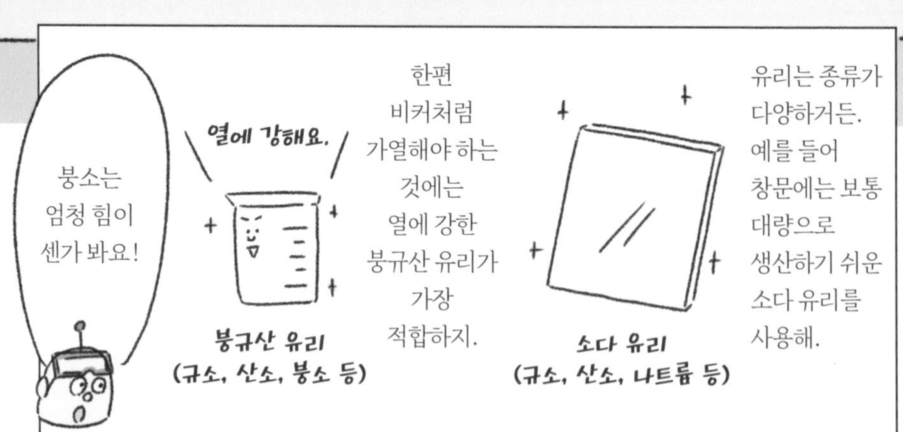
붕소는 엄청 힘이 센가 봐요!
열에 강해요.
붕규산 유리
(규소, 산소, 붕소 등)
한편 비커처럼 가열해야 하는 것에는 열에 강한 붕규산 유리가 가장 적합하지.
소다 유리
(규소, 산소, 나트륨 등)
유리는 종류가 다양하거든. 예를 들어 창문에는 보통 대량으로 생산하기 쉬운 소다 유리를 사용해.

아—
저건 노트북이네요.
삐삐삐
삐삐삐

마그네슘(Mg), 규소(Si), 리튬(Li)이라고 나와요.
역시… 모두 중요한 원소니까.
짠

먼저 마그네슘은 가볍고 튼튼해서 본체에 사용하고
다음으로 규소는 흐르는 전기 양을 조절하기 쉬운 성질 때문에 내부 전자 회로에,
그리고 리튬은 소형 고성능 리튬 이온 배터리, 그러니까 노트북 내부의 배터리에 사용하지.

박사님, 이 방에 들어가도 돼요?
물론이지.
감사합니다!
난 잠깐 쉬고 있을 테니까 편히 둘러봐.

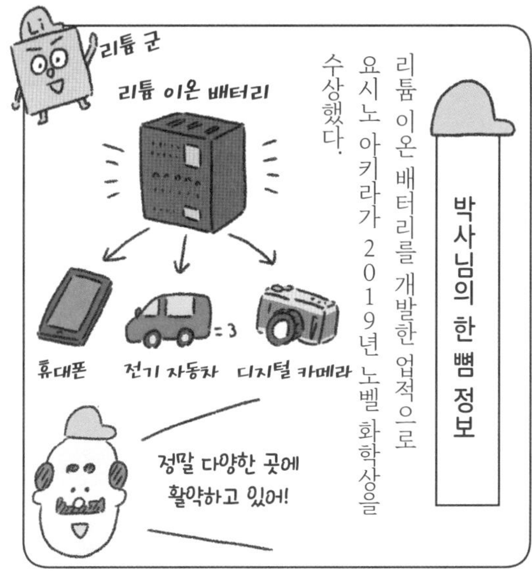
박사님의 한 뼘 정보
리튬 이온 배터리를 개발한 업적으로 요시노 아키라가 2019년 노벨 화학상을 수상했다.
리튬 군
리튬 이온 배터리
휴대폰
전기 자동차
디지털 카메라
정말 다양한 곳에 활약하고 있어!

화장실·세면대에 있는 물건들의 주요 원소

백열전구

· 크립톤(Kr)
· 텅스텐(W)
· 몰리브데넘(Mo)

치약

· 규소(Si)
· 탄소(C)
· 플루오린(F)

▶ 플루오린으로 치아를 코팅하여 충치를 예방한다.

거울

· 규소(Si)
· 산소(O)
· 은(Ag)

▶ 유리 뒷면이 은으로 도금* 되어 있다.

* 표면에 금속을 얇게 입히는 일

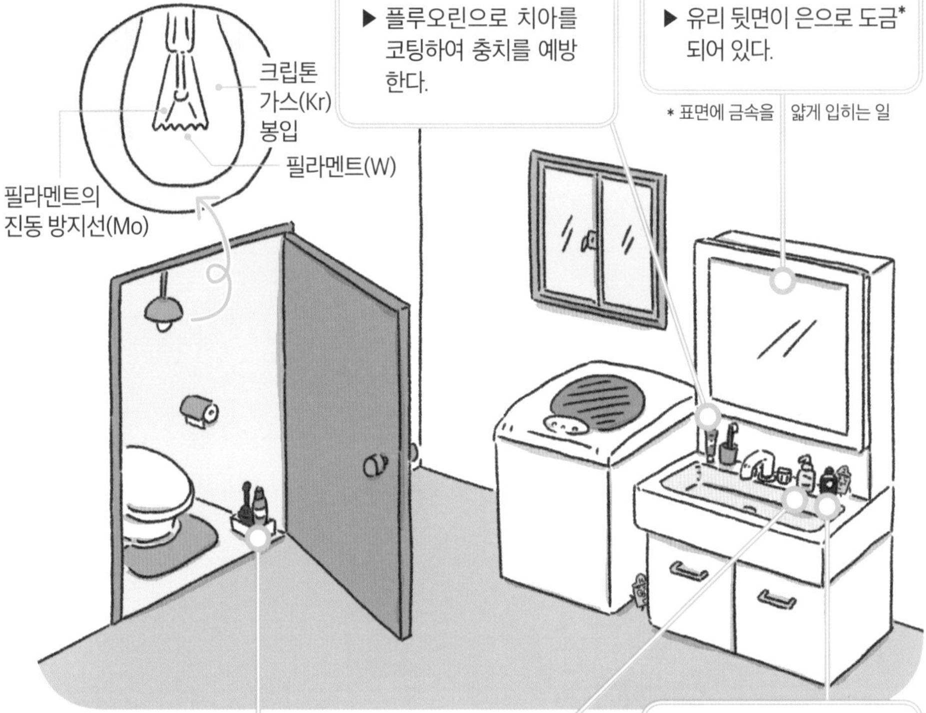

크립톤 가스(Kr) 봉입

필라멘트(W)

필라멘트의 진동 방지선(Mo)

가글액

· 탄소(C)
· 아이오딘(I)

▶ 아이오딘의 살균력을 이용한다.

염소계 청소 세제

· 탄소(C)
· 염소(Cl)
· 나트륨(Na)

거품 손 세정제

· 탄소(C)
· 수소(H)
· 칼륨(K)

원소 도감 ▶크립톤 147쪽 ▶텅스텐 167쪽 ▶몰리브데넘 150쪽 ▶은 153쪽 ▶칼륨(포타슘) 136쪽
▶아이오딘 156쪽

거실에 있는 물건들의 주요 원소

건전지

· 망가니즈(Mn) · 아연(Zn) · 산소(O)

▶ 망가니즈 건전지와 알칼리 건전지 둘 다 주요 원소는 비슷하다.

책장

· 탄소(C)
· 수소(H)
· 산소(O)

액정 디스플레이(LCD)

· 산소(O)
· 주석(Sn)
· 인듐(In)

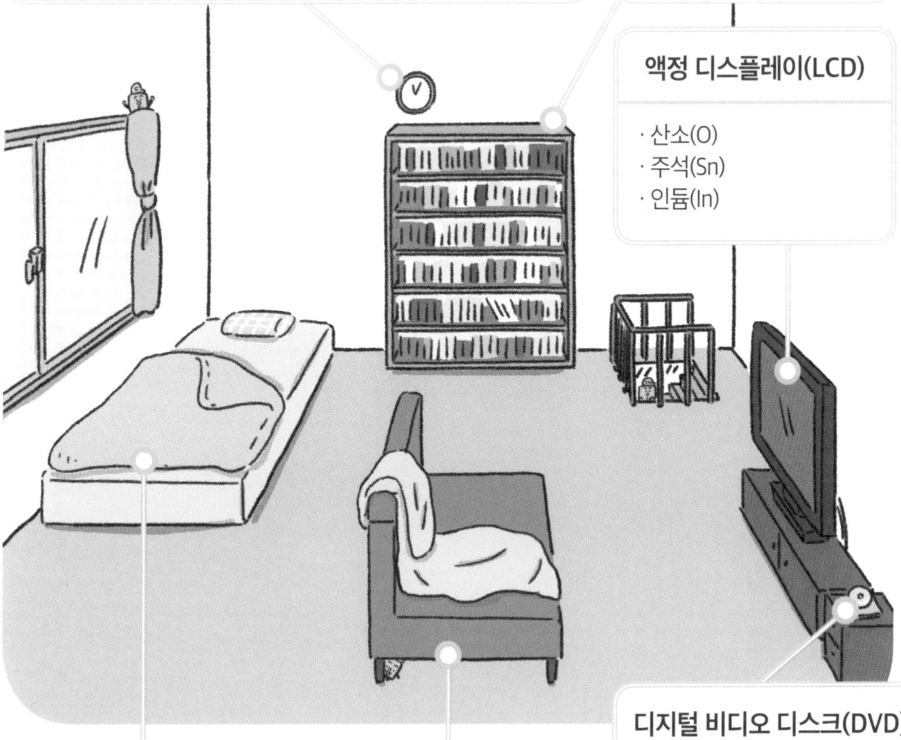

디지털 비디오 디스크(DVD)

· 저마늄(Ge)
· 텔루륨(Te)
· 안티모니(Sb)

▶ 기록층 소재로 세 금속의 합금(어떤 금속에 다른 원소를 섞은 것)이 사용된다.

이불 커버(면)

· 탄소(C)
· 수소(H)
· 산소(O)

소파(소가죽)

· 탄소(C)
· 수소(H)
· 산소(O)

★ 이 그림에는 원소 캐릭터가 5개 숨어 있어요! → 정답은 184쪽

 ▶망가니즈 139쪽 ▶주석 155쪽 ▶인듐 154쪽 ▶저마늄 145쪽 ▶텔루륨 156쪽 ▶안티모니 155쪽

제7화

몸 밖으로 튀어 나오다?!

박사님, 뭐 떨어졌어요.
주머니에 있던 동전이겠지.
떼굴
떼굴

어?
미안, 미안. 깜빡 졸았네.

아이고
쨍그랑
주기율표 원소가 많아 졌구나.

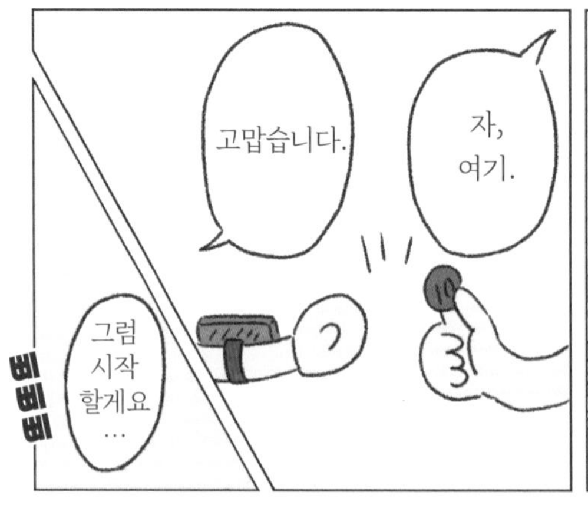

자, 여기.
고맙습니다.
그럼 시작할게요…
삐삐삐

잘됐다. 동전도 한번 분석해 볼래?
다양한 원소가 들어 있거든.

동전에 들어 있는 원소

가공하기 쉽고 녹이 덜 스는 등의 이유로 1원 외에는 모두 구리의 합금이 쓰인다.

1원

· 알루미늄(Al) 100%

5원(황동)

· 구리(Cu) 65%
· 아연(Zn) 35%

10원(구리 씌움 알루미늄)

· 구리(Cu) 48%
· 알루미늄(Al) 52%

50원(양백)

· 구리(Cu) 70%
· 아연(Zn) 18%
· 니켈(Ni) 12%

100원(백동)

· 구리(Cu) 75%
· 니켈(Ni) 25%

500원(백동)

· 구리(Cu) 75%
· 니켈(Ni) 25%

구리 합금에는 여러 종류가 있는데
구리와 아연 합금을 황동(놋쇠),
구리와 아연 · 니켈 합금을 양백,
구리와 니켈 합금을 백동이라고 해.

 ▶구리 142쪽

?
찾았다!
마침 해도 저물었겠다 밖에 나갈까?

여기에 넣어 놨는데…
뒤적
뒤적

아, 참.
우와~ 동전도 재밌네요!

불꽃놀이를 하는 폭죽에도 여러 원소가 있거든.
불꽃놀이요? 기대되는데요!

팍
불꽃

지지직
불꽃

칙
불꽃

불꽃놀이의 원소

나트륨 화합물을 불 속에 넣으면 불꽃이 색을 띤다. 이를 '불꽃 반응'이라고 하며 나트륨 외의 다양한 원소에서도 관찰된다. 불꽃놀이는 불꽃 반응을 이용한 것이다.

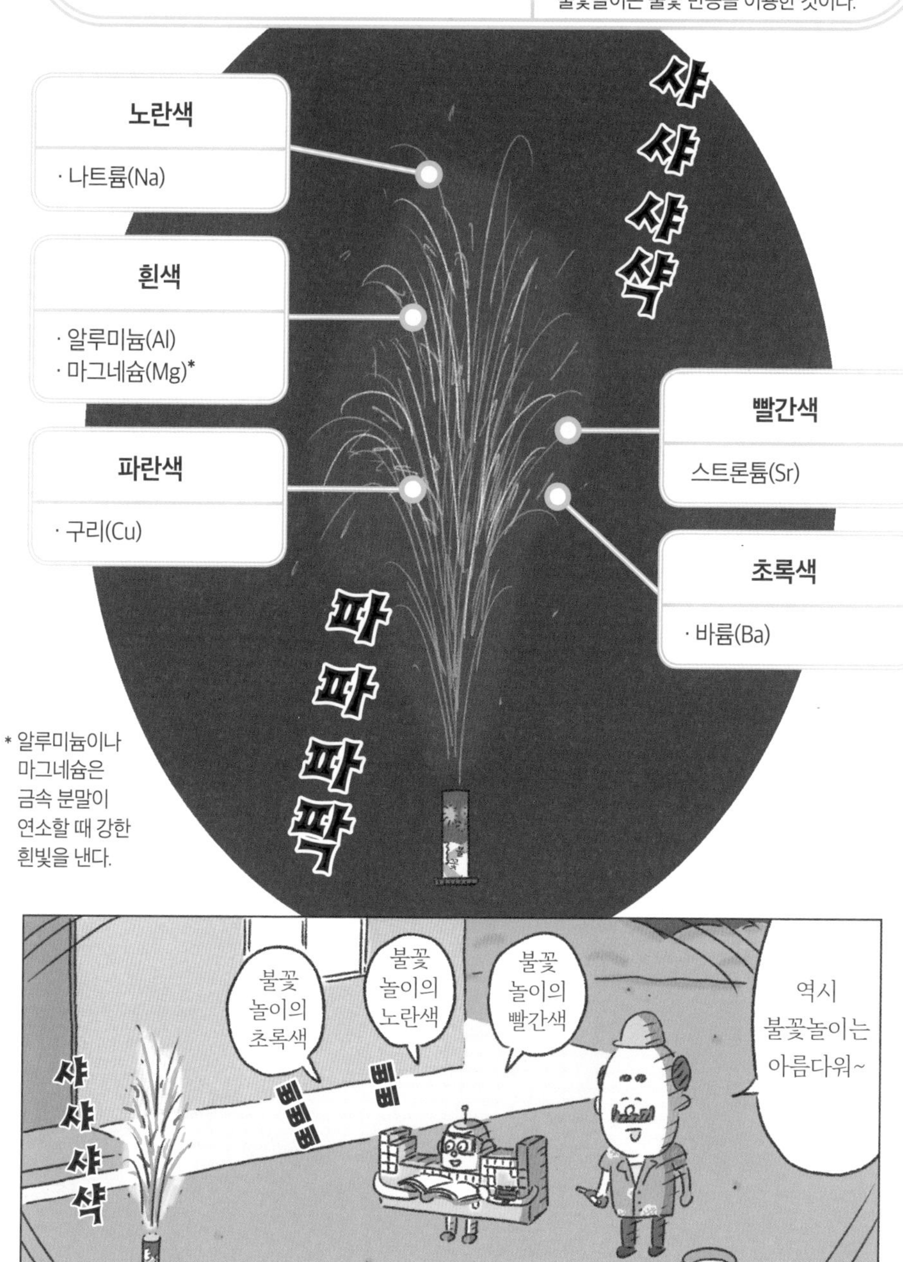

좋아, 좋아.
이 부분이 새로 추가됐어요.
다 끝났네.
지직…
H Li Na Mg K Ca Sr Ba Zr Cr Mn Fe Co Ni Cu Zn Mo W Ag Hg B C N O F Al Si Cl Ar Ge Kr In Sn Sb Te I
그럼 집에 들어갈까?

집에서 간단한 실험을 해 볼까?
실험이요?

덜컥
잠깐 우편함 좀 보고…
잘됐다.

오른쪽에 있는 건 뭐예요?
준비 다 됐다. 필요한 건 이게 다야.

이렇게
…
찰칵

블랙 라이트
라는 건데
자외선이
나오는
기계지.

엽서의
특수
잉크죠?
찰칵
삐삐삐
네!
이건
개인 정보를
특수 잉크로
인쇄한
엽서인데
고글로 한번
관찰해 볼래?
아라하
박사
앗!

?
휘이이이잉

원소
분석
결과는
유로퓸(Eu)
…
음—
그 유로퓸은
말이야…

뭐야?!
끼이익
Sr
Zr
빵
~~
란타넘족
살짝
원소 기호가 나왔네요.
Eu
아~
이런 구조였구나.
이것 좀 봐.
…
깜짝이야
털썩

스칸듐
타이타늄
39 Y 이트륨
57~71 란타넘족
89~103 악티늄족
104 Rf 러더포듐
튀어나온 건 주기율표 아래에 배치된 이 부분이야. 물론 이것도 원소지. 윗단은 '란타넘족', 아랫단은 '악티늄족'이라고 부르지.
란타넘족과 악티늄족이라…
이것들은 서로 성질이 비슷해서 표에서는 한 칸에 넣은 거야.

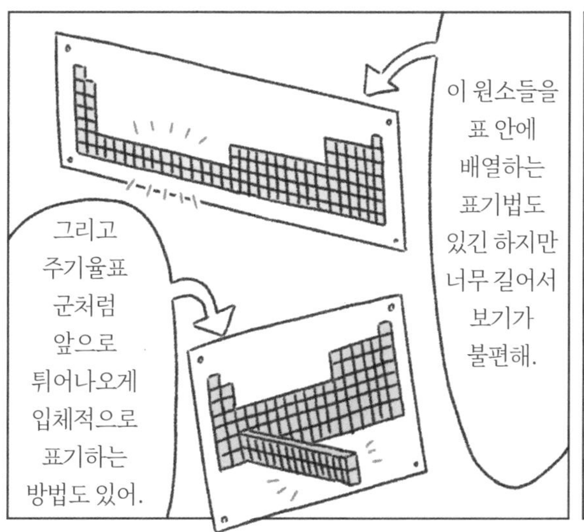
이 원소들을 표 안에 배열하는 표기법도 있긴 하지만 너무 길어서 보기가 불편해.
그리고 주기율표 군처럼 앞으로 튀어나오게 입체적으로 표기하는 방법도 있어.

이것들을 하나씩 나열한 게 표 아래에 있는 두 줄이야.
그렇군요…

이거 어떻게 다시 집어넣죠?
잘 모르겠는데…

네— 이것도 분명 두근두근 행성에서 배웠을 텐데 생각이 안 나요.
그건 그렇고

다행히 시계에
도움말이 있었어요.
오른쪽 귀를 누르면
다시 들어간대요.
휴~
착

3

집 밖에 있는 원소

제8화

공원에 있는 원소

오늘은 읍내에 가 볼까?
좋아요.
우리 집은 섬에서도 외진 곳이라서 좀 멀긴 해…

자전거로 갈 건데 한 대밖에 없어서 어쩌지?
저는 뛰면 돼요.
뛴다고? 괜찮겠어?
그럼 출발~
주기율표 군, 잠깐! 길은 알고 있어? 어이!
우~
다다다다
다다다다

30분 뒤
멍멍
후~ 다 왔다.
얼른 가 봐요.
공원
착

여기 보이는 잎부터…
삐삐삐
삐삐삐
탄소(C), 질소(N), 마그네슘(Mg)…

* 식물이 햇빛을 받아서 영양분을 만들어 내는 작용

하얀 게 비료죠?

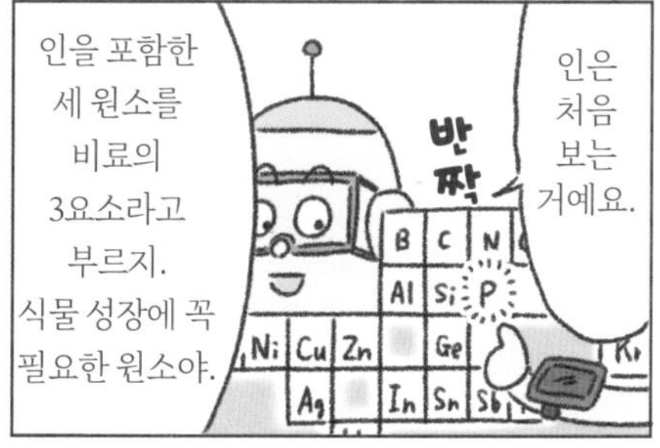

인은 처음 보는 거예요.

인을 포함한 세 원소를 비료의 3요소라고 부르지. 식물 성장에 꼭 필요한 원소야.

식물에도 중요한 원소가 있군요.

잎에는 광합성*을 하는 '엽록소'라는 물질이 있는데, 마그네슘이 들어 있지.
아래에 있는 비료도 관찰해 봐.

어디서 날아왔지?

헬륨(He)이래요.
헬륨은 수소(H) 다음으로 가벼운 데다 수소와 달리 폭발하지 않으니까 풍선에 쓰이지.

박사님의 한 뼘 정보
파티용 헬륨 가스에는 안전을 위해 산소가 혼합되어 있지만, 풍선용 헬륨에는 헬륨만 들어 있으므로 흡입은 절대 금지!
풍선용 헬륨
He

 원소 도감 ▶인 134쪽 ▶헬륨 125쪽

★ 이 그림에는 원소 캐릭터가 5개 숨어 있어요!
→ 정답은 185쪽

카메라 렌즈

· 규소(Si) · 산소(O) · 란타넘(La)

▶ 카메라나 망원경 렌즈 중에는 란타넘이 들어 있는 것이 있다.

고무공

· 탄소(C)
· 수소(H)
· 황(S)

▶ 황 때문에 고무 특유의 탄력을 가진다.

미끄럼틀

· 철(Fe)
· 크로뮴(Cr)

반려견

· 산소(O)
· 탄소(C)
· 수소(H)

▶ 사람과 거의 비슷하다.

자전거 프레임

· 알루미늄(Al) · 스칸듐(Sc)

▶ 알루미늄에 스칸듐을 조금 섞으면 금속의 강도가 매우 높아진다.

공원에 있는 물건들의 주요 원소

모래

· 규소(Si)
· 산소(O)

▶ 모래나 돌은 주로 이 두 원소로 이루어져 있다.

풍선

· 헬륨(He)

비료

· 질소(N)
· 칼륨(K)
· 인(P)

잎

· 탄소(C)
· 질소(N)
· 마그네슘(Mg)

우리 동네 공원

금속 배트

· 알루미늄(Al) · 구리(Cu) · 마그네슘(Mg)

▶ 알루미늄에 구리, 마그네슘을 섞은 합금 두랄루민은 가볍고 강하다.

제9화

거리에 있는 원소

공원은 이쯤 하고 다른 데로 갈까?
네~

이번엔 어디로 가나요?
난 평소에 잘 안 가지만 뭔가 이것저것 있을 것 같아서 가 보려고.

길을 건너자.
네

광광광광
우당탕
콰당탕
드드드드
드드드드
다다다다
아, 공사하나 보군.

잘됐다! 공사 현장에도 한번 가 볼까?
뚜벅
뚜벅

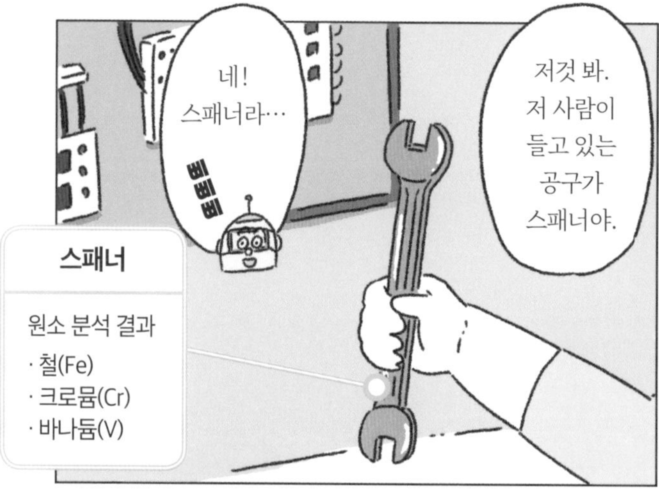

저것 봐. 저 사람이 들고 있는 공구가 스패너야.
네! 스패너라…
삐삐삐

스패너

원소 분석 결과
- 철(Fe)
- 크로뮴(Cr)
- 바나듐(V)

원소 도감 ▶바나듐 138쪽

윙~
드드드드
공사 현장엔 뭔가 많을 것 같아요. 찾아볼게요!
응. 철에다 크로뮴이나 바나듐을 넣으면 강도가 좋아지거든.
바나듐은 처음 나온 원소죠?
공사중
박사님, 새로운 원소를 몇 개 더 찾아냈어요.
지금 달성도가 49개예요!
처음보다 많이 늘었군.

그래도 아직 갈 길이 먼 거 같아요.
하하하, 그럼 더 가 볼까?

신호등(발광 다이오드, LED)

· 알루미늄(Al)
· 갈륨(Ga)
· 비소(As)

▶ 청색 LED(이것을 개발한 물리학자는 노벨상 수상)는 질소와 갈륨이 주재료다.

헤드폰

· 네오디뮴(Nd)
· 철(Fe)
· 붕소(B)

▶ 이 세 원소가 들어 있는 네오디뮴 자석은 다양한 전자 기기에 쓰인다.

스패너

· 철(Fe)
· 크로뮴(Cr)
· 바나듐(V)

자동차 창문 유리

· 규소(Si)
· 산소(O)
· 세륨(Ce)

▶ 세륨을 첨가하면 자외선이 차단된다.

자동차 헤드라이트

제논(Xe)

▶ 제논 램프라 불리며 밝고 수명이 길면서 에너지 소모가 적다.

▶갈륨 143쪽 ▶비소 145쪽 ▶네오디뮴 160쪽 ▶세륨 159쪽 ▶제논 157쪽

공사 현장과 거리에 있는 물건들의 주요 원소

용접용 보안경

- 규소(Si)
- 산소(O)
- 프라세오디뮴(Pr)

▶ 프라세오디뮴을 유리에 배합하면 빛으로부터 눈을 보호해 주는 청색 유리가 된다.

철근

- 철(Fe)
- 망가니즈(Mn)
- 탄소(C)

타이어

- 탄소(C)
- 수소(H)
- 황(S)

시멘트

- 칼슘(Ca)
- 규소(Si)
- 알루미늄(Al)

▶ 시멘트에 물, 모래, 자갈을 섞어서 굳히면 콘크리트가 된다.

★ 이 그림에는 원소 캐릭터가 5개 숨어 있어요!
→정답은 185쪽

 ▶프라세오디뮴 159쪽

제10화

상점에 있는 원소

쿠~궁
THE 쇼핑몰
여긴 다양한 가게들이 있으니까 새로운 원소도 많을 거야.
기대돼요!

안도 무척 넓어요. 많이 찾을 수 있겠는데요!
그럼 가 볼까?

나도 처음 온 거야.
윙~
자전거는 보관대에 세우고 옴

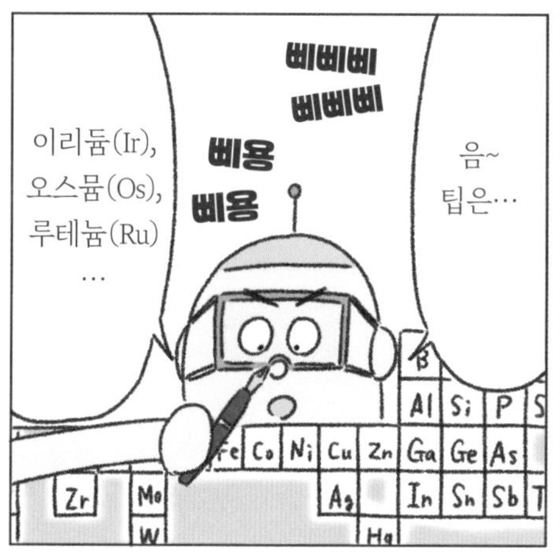

이리듐(Ir),
오스뮴(Os),
루테늄(Ru)
…
삐용
삐용
삐삐삐
삐삐삐
음~
팁은…

문구점
여긴 문구점이네.
그럼 만년필의
펜촉 끝인 팁을
분석해 보렴.
네!
알겠습니다!

만년필의 팁은
종이에 쓸 때
마찰이 생기는
부분이라서
어느 정도
강도가
필요하거든…
팁
펜촉
그래서 일부러
다른 금속을 아주
조금 용접해서
가공하거든.
봐, 팁은
약간 색이
다르지?

방금
주기율표 군이 본
원소 합금 3개는
무척 단단하고
마찰에 강하기
때문에 팁으로
사용하기가
정말 좋지.
우리 합금은 매우
강하거든~!
이리듐 군
오스뮴 군
루테늄 군

원소 도감 ▶이리듐 169쪽 ▶오스뮴 169쪽 ▶루테늄 151쪽

그림물감(카드뮴 옐로)

· 카드뮴(Cd)
· 셀레늄(Se)
· 황(S)

▶ 카드뮴은 독성이 있어 인체에 유해하다고 뒷면에 표기되어 있다.

만년필(펜촉 팁)

· 이리듐(Ir)
· 오스뮴(Os)
· 루테늄(Ru)

▶ 이 원소들의 합금은 단단하며 마찰에 강하다.

연필심

· 탄소(C)
· 규소(Si)
· 산소(O)

▶ 심의 주성분인 흑연은 탄소로만 구성되어 있다(기타 성분은 점토).

색소폰

· 구리(Cu) · 아연(Zn)

전기 기타

· 사마륨(Sm)
· 코발트(Co)

▶ 줄의 진동을 전기 신호로 변환하는 부분에 사마륨과 코발트를 함유한 자석이 사용되기도 한다.

어쿠스틱 기타의 줄

· 구리(Cu)
· 주석(Sn)

▶카드뮴 154쪽 ▶셀레늄 146쪽 ▶사마륨 161쪽

상점에 있는 물건들의 주요 원소

자외선 차단제

· 산소(O) · 타이타늄(Ti) · 아연(Zn)

▶ 이 원소들은 자외선을 반사하기 위한 성분으로 배합된다.

땀 억제 스프레이

· 은(Ag) · 알루미늄(Al) · 칼륨(K)

▶ 은은 살균 성분에, 알루미늄과 칼륨은 땀을 억제하는 성분에 들어 있다.

안약(빨간색)

· 탄소(C)
· 질소(N)
· 코발트(Co)

▶ 이 원소들은 유효 성분 비타민 B12에 들어 있으며 빨간색을 띠는 것은 이 성분 때문이다.

반지(은)

· 은(Ag) · 구리(Cu)
· 로듐(Rh)

▶ 강도를 높이기 위해 은에 구리를 섞는다. 로듐은 표면을 코팅(도금)하는 데 쓰인다.

반지(핑크 골드)

· 금(Au) · 구리(Cu) · 팔라듐(Pd)

▶ 금에 구리의 붉은색과 팔라듐의 흰색을 섞으면 핑크색을 띤다.

반지(백금)

· 백금(Pt)
· 팔라듐(Pd)

에메랄드

· 베릴륨(Be)
· 알루미늄(Al)
· 크로뮴(Cr)

원소 도감 ▶타이타늄 138쪽 ▶로듐 152쪽 ▶팔라듐 152쪽 ▶금 171쪽 ▶백금 170쪽 ▶베릴륨 126쪽

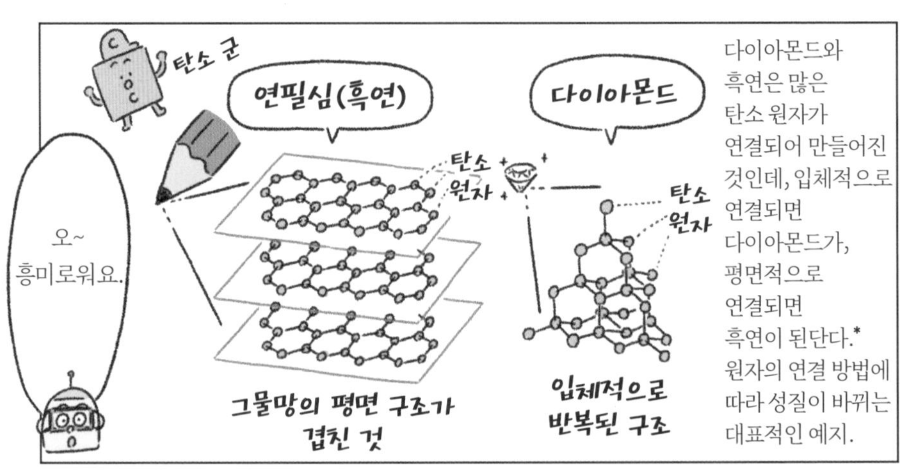

* 이처럼 같은 원소지만 원자의 연결 방법이나 구조가 다른 것을 '동소체'라고 한다. 탄소 이외에 황, 인 등에서도 볼 수 있다.

뭘 도와드릴까요?
앗! 그럼 혹시 흑연으로 다이아몬드를 만들 수도 있나요?
물론이지. 실제로 흑연에서 인공적으로 만드는 다이아몬드가 있단다.
손님…
헉
단 고온, 고압이라는 특수 조건에서만…
오오오…
이제 슬슬 집으로 갈까?
네.

진짜 물건도 많고 재밌었어요!
맞아! 나도 처음 와 봤는데 재밌었어! 젊어진 기분이야.
호호호
빙

삐끗

박사님! 괜찮으세요?
허, 허리가…
아이고…

삐~뽀~
삐~뽀~
박사님!
으윽

탄생석과 주요 원소

1월 가넷

· 마그네슘(Mg)
· 알루미늄(Al)
· 규소(Si)

2월 자수정

· 규소(Si)
· 산소(O)
· 철(Fe)

3월 아콰마린

· 베릴륨(Be)
· 알루미늄(Al)
· 철(Fe)

4월 다이아몬드

· 탄소(C)

5월 에메랄드

· 베릴륨(Be)
· 알루미늄(Al)
· 크로뮴(Cr)

6월 진주

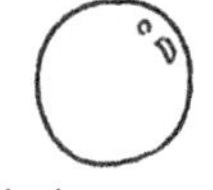

· 칼슘(Ca)
· 탄소(C)
· 산소(O)

7월 루비

· 알루미늄(Al)
· 산소(O)
· 크로뮴(Cr)

8월 페리도트

· 철(Fe)
· 규소(Si)
· 마그네슘(Mg)

9월 사파이어

· 알루미늄(Al)
· 산소(O)
· 철(Fe)

10월 오팔

· 규소(Si)
· 산소(O)

11월 토파즈

· 알루미늄(Al)
· 규소(Si)
· 산소(O)

12월 터키석

· 구리(Cu)
· 인(P)
· 알루미늄(Al)

제11화

병원에 있는 원소

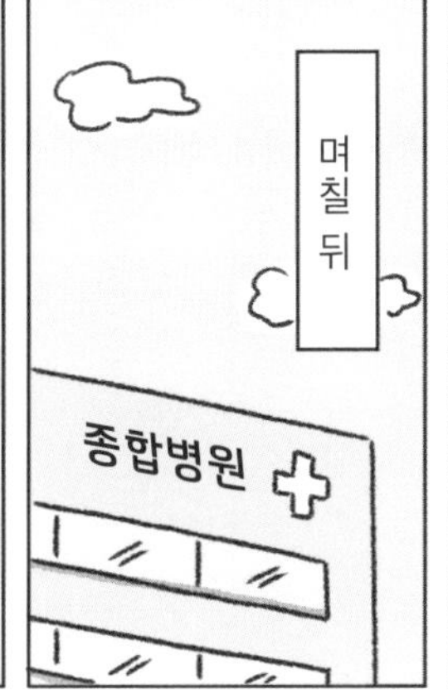

며칠 뒤
종합병원

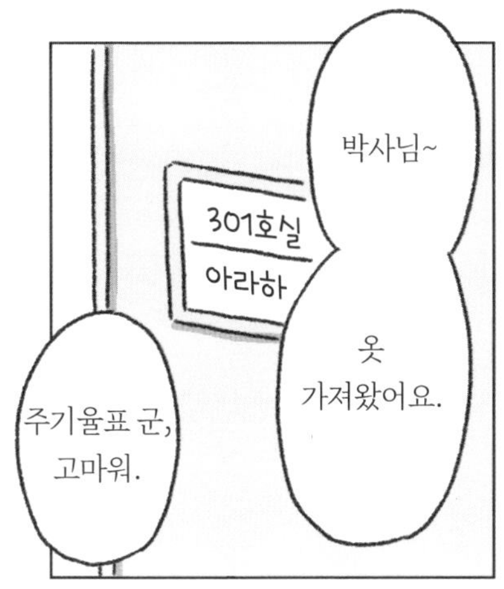

301호실
아라하
박사님~
옷 가져왔어요.
주기율표 군, 고마워.

다음 주엔 퇴원할 수 있대.
그래요? 다행이에요.
…그래 원소 일은 잘되어 가나?

그게 말이에요, 박사님 집 주변을 살펴봤는데 새로운 게 더는 없네요.
그렇구나… 실은 여기 병원장이 내 친구인데 병원을 둘러봐도 된다고 하더라고.
정말이요?

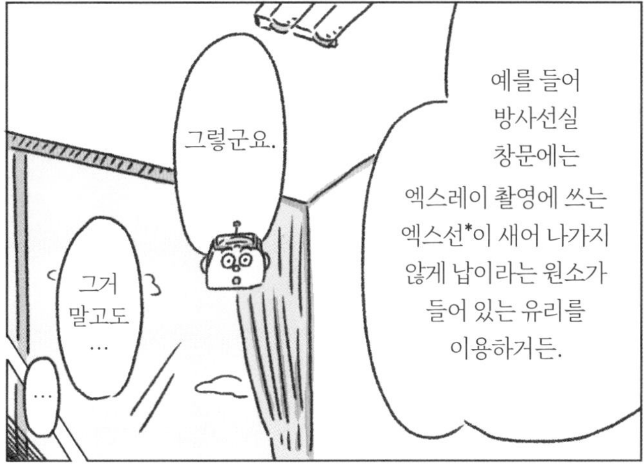

예를 들어 방사선실 창문에는 엑스레이 촬영에 쓰는 엑스선*이 새어 나가지 않게 납이라는 원소가 들어 있는 유리를 이용하거든.
그렇군요.
그거 말고도 …
…

그럼 다녀오겠습니다!
잘 다녀와~

* 여러 번 대량으로 쬐면 건강에 나쁜 영향을 줄 가능성이 있으나, 우리가 하는 검사 정도로는 건강에 큰 영향을 주지 않는다.

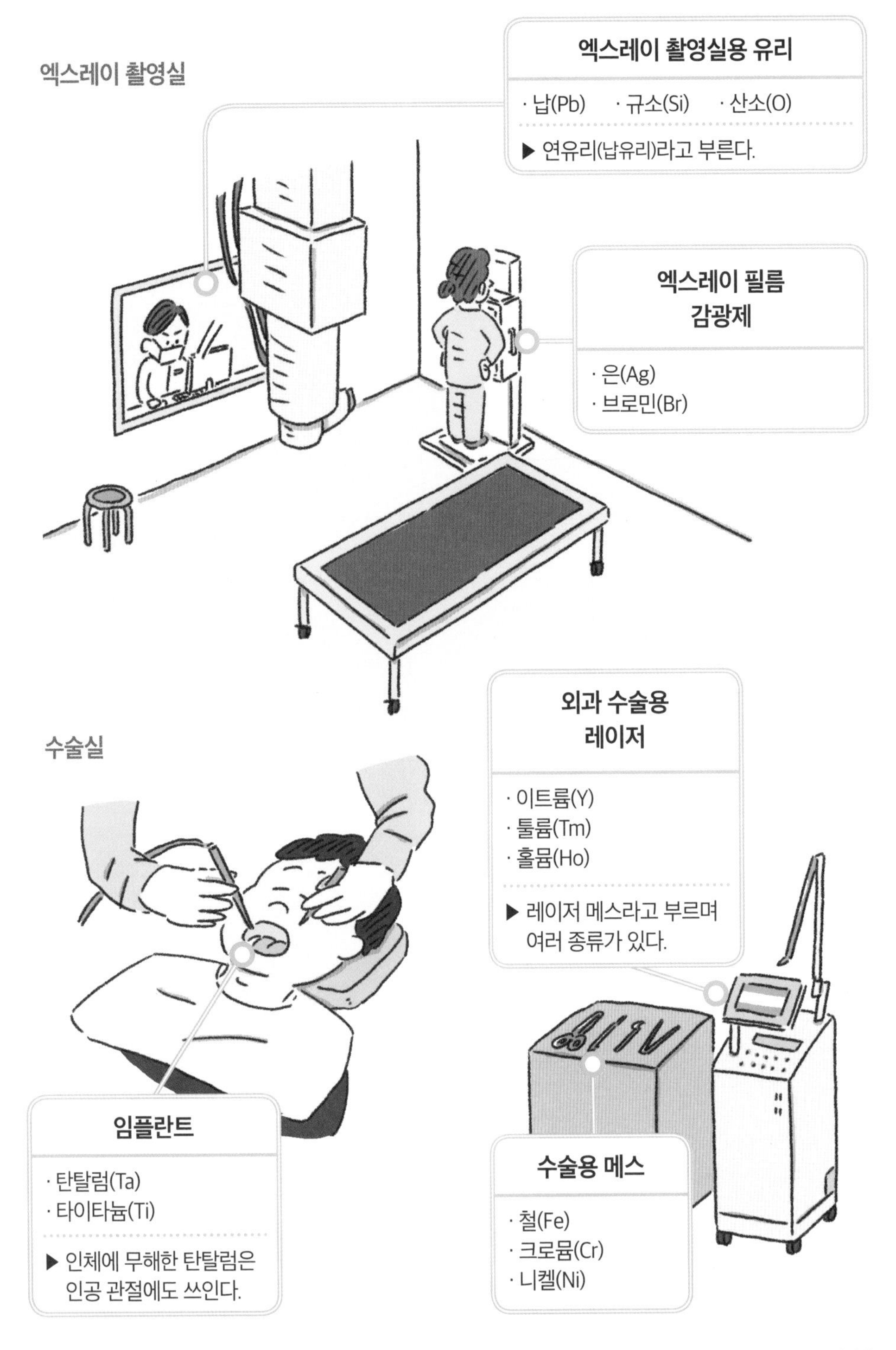
엑스레이 촬영실
엑스레이 촬영실용 유리
· 납(Pb) · 규소(Si) · 산소(O)
▶ 연유리(납유리)라고 부른다.
엑스레이 필름 감광제
· 은(Ag)
· 브로민(Br)
수술실
외과 수술용 레이저
· 이트륨(Y)
· 툴륨(Tm)
· 홀뮴(Ho)
▶ 레이저 메스라고 부르며 여러 종류가 있다.
임플란트
· 탄탈럼(Ta)
· 타이타늄(Ti)
▶ 인체에 무해한 탄탈럼은 인공 관절에도 쓰인다.
수술용 메스
· 철(Fe)
· 크로뮴(Cr)
· 니켈(Ni)

병원에 있는 물건들의 주요 원소

복도

스프링클러

· 비스무트(Bi)　· 납(Pb)　· 주석(Sn)

▶ 이 원소들을 함유한 합금(우드합금)은 약 70℃에서 녹는다. 화재가 나면 이 합금이 녹으면서 물이 나온다.

비상구 표지판

· 스트론튬(Sr)　· 알루미늄(Al)
· 디스프로슘(Dy)

핵의학 검사

방사선을 방출하는 물질을 체내에 투여한 다음 그 방사선의 양과 위치를 장치로 검출해 질병 유무를 진단한다.

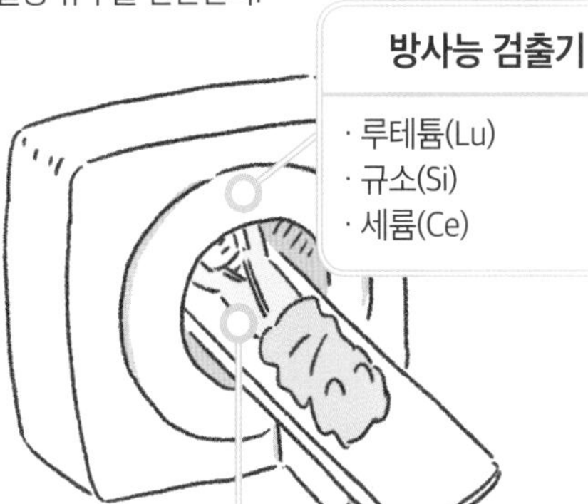

방사능 검출기

· 루테튬(Lu)
· 규소(Si)
· 세륨(Ce)

진단용 방사성 의약품

· 테크네튬(Tc)

▶ 방사선을 방출하는 테크네튬의 성질을 이용하여 테크네튬이 들어 있는 약제를 검사 전에 체내에 투여한다.

자기 공명 영상(MRI)* 검사

대형 자석과 전파를 이용하여 체내 혈관과 내장 등의 모습을 영상으로 만들어 낸다.

* 자성을 이용하여 체내를 검사하는 장치

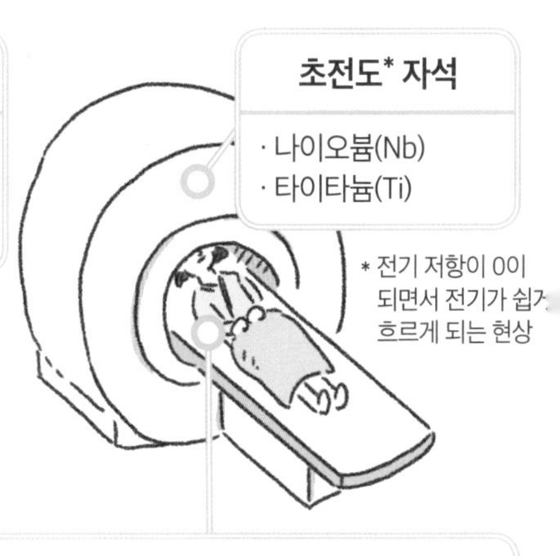

초전도* 자석

· 나이오븀(Nb)
· 타이타늄(Ti)

* 전기 저항이 0이 되면서 전기가 쉽게 흐르게 되는 현상

MRI용 조영*

· 가돌리늄(Gd)　· 유로퓸(Eu)
· 터븀(Tb)

* 영상 진단 검사 시 조직이나 혈관이 명확하게 보이도록 하는 약

원소 도감 ▶비스무트 173쪽 ▶납 173쪽 ▶디스프로슘 163쪽 ▶루테튬 165쪽 ▶테크네튬 151쪽 ▶나이오븀 150쪽 ▶가돌리늄 162쪽 ▶터븀 162쪽

다음 주
드디어 퇴원이다.
오랜만에 나오니까 참 좋군.
이제 다 나오셨어요?
병원
병원
응. 거의 다 낫긴 했는데
당분간 좀 쉬려고.
허리 치료 차 온천이나 다녀올까 하는데 자네도 같이 갈래?
네?! 온천이요?
응. 온천에서만 나오는 원소도 있을 테니.
우와~ 온천이다!
좋아. 그럼 집에 가서 준비해 볼까…

흔히 비행기를 '철 덩어리' 라고들 하지만…
철이요? 어디 보자— 비행기는…
삐삐삐
삐삐삐
찰칵

며칠 뒤
공항
슈웅~
윙~
넓네요~
공항은 왠지 설렌단 말이야.

물론 철도 일부 쓰이긴 하지만 지금은 주로 탄소를 중심으로 한 소재와
나머지는 알루미늄이나 타이타늄 합금이 쓰이고 있지.

잉? 철은 없는데요?
삐용 삐용
탄소(C), 알루미늄(Al), 타이타늄(Ti) …

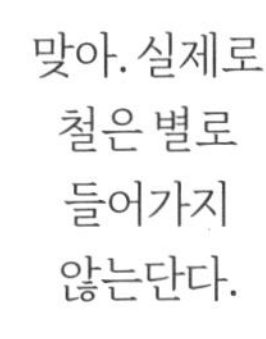

맞아. 실제로 철은 별로 들어가지 않는단다.

그럼 슬슬 비행기를 타러 갈까?
네!

박사님의 한 뼘 정보

최근 비행기의 몸체에는 철보다 강하고 알루미늄보다 가벼운 CFRP*라는 탄소를 중심으로 한 소재가 흔히 사용되고 있다. 이 소재는 그 밖에 다양한 곳에 활용되고 있다.

* Carbon Fiber Reinforced Plastics의 약칭으로 탄소 섬유 강화 플라스틱이라고 부른다.

도착

맞다!
온천!
온천!
가요!
벌떡
두근
두근

드디어
왔네요.
그럼
탕에
들어가
볼까?
좋다~
뒹굴

드르륵
우와!
탕이 진짜
크네요!

주기율표 군,
여기 온천물 좀
분석해 볼래.
네.
온천물은
…
삐삐삐
He
B C N O F

삐용
삐용
분석 결과
라돈(Rn)이라는
새로운 원소가
나왔어요!

사실 이 온천은
조금 특별해서
라돈이 많이
들어 있단다.
라돈이
몸에
좋아요?

음~
그건 좀…
암 치료에
이용한다는
이야기도 있지만,
과학적으로
입증된 건
아니거든.

그런
이야기가
있군요.
그렇단다.
원소 이야기는
이따 하기로 하고
일단 몸부터
씻자꾸나.
네!

원소 도감 ▶라돈 175쪽

하~
개운하다!
몸이 따뜻해 졌어요.
편한 옷으로 갈아입음

산책 좀 할까?
좋죠. 그런데 허리는 괜찮으세요?
그래도 조금은 움직여야지.

수제버거
라면 만두
초밥
OPEN
수제 버거
우와— 거리가 화려해요.

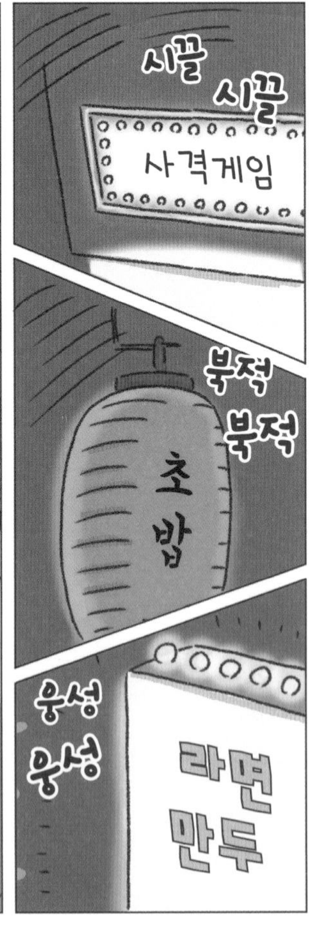
시끌 시끌
사격게임
북적 북적
초밥
웅성 웅성
라면 만두

네온(Ne)이라고 나왔어요! 새로운 원소예요.
네온은 헬륨(He)이나 아르곤(Ar)처럼 비활성 기체 중 하나야.
He
B C N O F Ne
Al Si P S Cl Ar

주기율표 군, 이걸 고글로 한번 볼래?
저 '빛나는 간판' 말씀이시죠?
OPEN

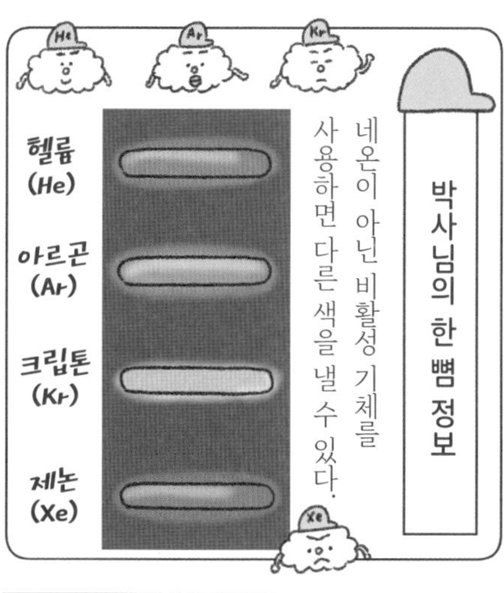
박사님의 한 뼘 정보
네온이 아닌 비활성 기체를 사용하면 다른 색을 낼 수 있다.
헬륨 (He)
아르곤 (Ar)
크립톤 (Kr)
제논 (Xe)

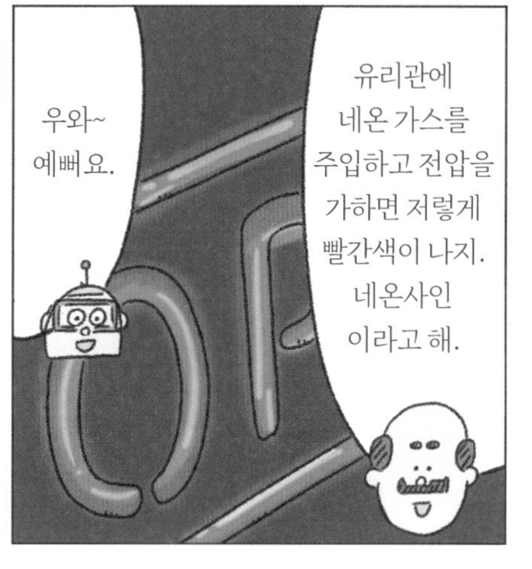
유리관에 네온 가스를 주입하고 전압을 가하면 저렇게 빨간색이 나지. 네온사인이라고 해.
우와~ 예뻐요.

그럼 오른쪽 귀를 꾹 누르고…
삑
꽤 많이 찾았어요~
…
위잉
그렇군요. 다행이다!
최근에는 환경을 생각해서 이런 네온사인이 점점 사라지고 있는데,
여기에서 네온사인을 볼 수 있어서 다행이네.

 원소 도감 ▶네온 130쪽

내 몸이랑 전자책
그리고 시계 전부
방수가 돼~
온천도 문제없지롱!

찾을 수 없는 원소와 독특한 원소

제12화

찾을 수 없는 원소

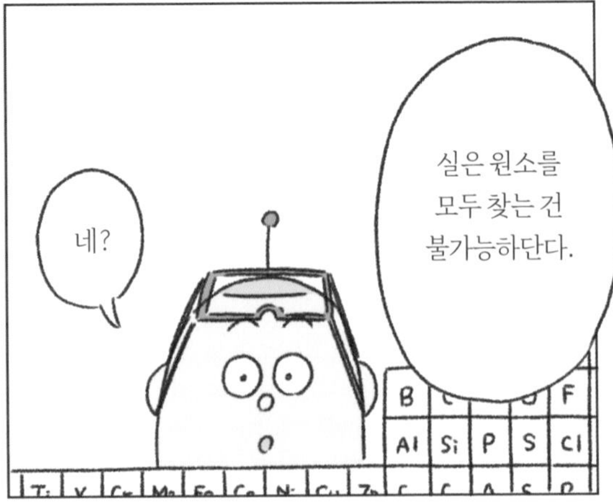

아니,
열심히 한다고
되는 문제가
아니고…
온천호텔
1920년 개관
왜요?
제가 더 열심히
찾아볼게요.

그건… 일단 집에
가서 생각해 보자.
자세한 이야기는
그때 하자꾸나.
저… 그럼
두근두근
행성으로
못 돌아가는
건가요?

언제 이 말을
할까 계속
고민했는데…
말할
타이밍을
놓쳐서
말이지…
미안해.

터벅
주기율표 군은
어떻게 다시
자기 별로
돌아갈 수
있을까.
슝~
원소를
모두 찾을 수
없다면…

그 전에 지금까지 주기율표 군이 찾아낸 원소를 한번 정리해 보면 어떨까?
네…
우울—
자, 그럼
원소를 전부 찾을 수 없는 이유를 설명해 볼게.
됐다— 빨간색으로 묶은 곳은 이미 찾아낸 부분이야.
혹시 뭐가 좀 보이는 게 있니?
원소 주기율표
음…

많이 찾긴 했지만
원자 번호가 큰 것,
특히 7주기 쪽은
하나도 못 찾았어요.
그건 바로
원자 번호
84 이후는
방사성
원소이기
때문이야.
방사성
원소요?

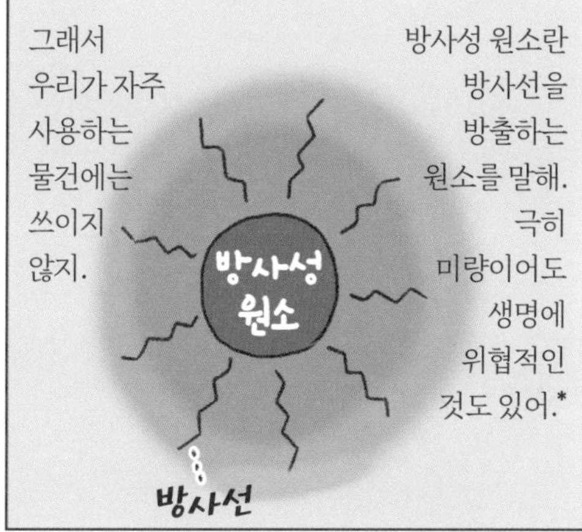

방사성 원소란
방사선을
방출하는
원소를 말해.
극히
미량이어도
생명에
위협적인
것도 있어.*
그래서
우리가 자주
사용하는
물건에는
쓰이지
않지.
방사성
원소
방사선

원자 번호 92인
우라늄보다 큰 원소는
원래 천연 상태에서
존재하지 않거든.
네?
존재하지
않는다고요?!

그리고…
원자 번호가
큰 원소를
찾을 수 없는
이유가 하나
더 있어.

* 91쪽에 등장한 라돈도 방사성 원소이지만 온천에 들어 있는 양은 인체에 나쁜 영향을 미치지 않는 정도로 알려져 있다.

지금부턴 과학사 이야기가 되는데…
우라늄까지의 원소들은 기본적으로 지구상 어디에선가 과학자들이 발견한 것들이야.

하지만 그 이후의 원소들은 지구상에 존재하지 않는다는 사실이 밝혀지면서 인간이 직접 원소를 만들기로 한 거지.
만든다고요?

에드윈 맥밀런
1940년 미국 물리학자 에드윈 맥밀런이 입자 가속기*로 우라늄 다음 원소를 만들어 내는 데 성공하면서 넵투늄이라고 명명했고

* 중성자 등의 입자를 다른 원소의 원자핵에 충돌시킬 수 있는 특수 장치

인간은 참 대단하네요…
그렇지. 없으면 만들어 내자는 거야.

저어— 만들어 졌다는 건 어딘가에 있다는 거 아니에요?
아니, 찾아내는 건 불가능에 가까워.
그럴 수가…

그 뒤 많은 과학자가 잇따라 새로운 원소를 만들어 내면서 주기율표에 추가해 갔지.

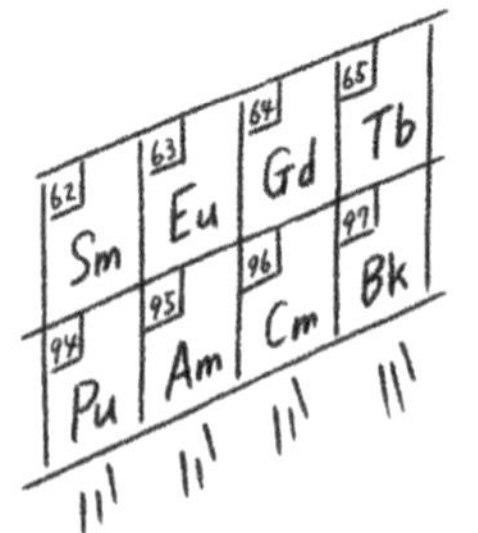

이는 원자 번호 118 오가네손까지 이어졌고, 원소를 만들어 내기 위한 세계 여러 연구 기관의 노력이 계속되고 있어.

그러니까
불가능하다는
뜻이네…
충—격

큰
원소입니다!
바스스
어라?
원소는
너무 커지면
어렵게
만든 것도
바로 붕괴가
시작되면서
다른 원소로
모습을 바꾸어
버리지.

미션 달성도
76/118
고글을 쓰고 지구상에 있는
원소를 찾아내어
책을 완성하시오.
…음
이렇게
쓰여
있는데…
삐삐
삐삐
이상하다?!
시계의
미션에는…

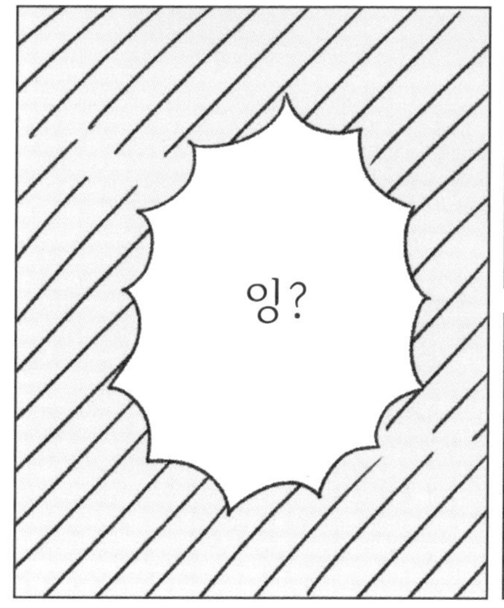
잉?

원소를 찾아내어
완성하시오.
이런 게
있었네?

원소를 찾아내어
완성하시오.
삐

…?!
단 도저히 찾을 수 없는 경우에는
전문가의 이야기를 듣고
책에 직접 써 넣을 것.
박사님…
왜?
새로
알아낸 게
있니?
쉭
전용 펜이
나오네?!

보니까…
책에 직접 쓰고
편집해도
되나 봐요.
휘청~
휴—
천만
다행이군~

여기에
그 펜으로 쓰라,
이건가?
그런가 봐요.
여러 기능이
있는 것
같아요.
사르륵
그러니까
—

내가 예전에
근무했던
연구소에
얘기해 두긴
했는데…
연구소요?
어!
아무튼
다행이야.
내가 나머지
원소에 대해서
가르쳐 주면
되겠구나.
정말
고맙습니다!

응.
찾지 못한 원소가
연구소에는
있을지도
몰라서—

가겠다고?
굳이 안 가고
그냥
노트에
써도…
아니에요!
찾을 수
있는 건
직접 찾고
싶어요.
훌륭해!
그럼 가 보자.
못 찾은 원소는
그때 가서
써 넣으면
되니까.

네! 꼭 가 보고
싶어요!

제13화

독특한 원소

끼익
연구소 앞~ 연구소 앞~
네
도착했다.

여기가 연구소야.
우와

터~~억
연구소
이렇게 큰 연구소에서 일하셨다니 대단하세요!
하하하 … 고마워.

일단 주기율표 군은 그냥 로봇인 걸로 하자. 외계인이라고 밝혔다간 괜히 일만 복잡해질 테니까.
소곤 소곤
알겠어요!

아, 저기 나와 있네.
박사님~

아, 지금
내가 개발하고
있는 로봇이야.
안녕하세요.
이건
뭐…

자네한테
오늘은
신세 좀
지겠네.
아닙니다.
박사님
부탁이라면
언제든
대환영이죠.

삑

오~
재밌네요.
붕

우와~
굉장하네요.
원소 주기율표
형태인가요?
호오…
음…
란타넘족과
악티늄족은
…
재밌는 걸 보여
드리겠습니다.

아직
개발 단계
라네.
원소 기호가
군데군데 빠져 있는
걸 보니, 혹시 원소를
찾아내는 그런
로봇인가요?
얼추
비슷해.

그렇다면
아직 못 찾아낸
희귀 원소를
연구하는 곳을
안내하는 게
좋겠네요.
휘잉
부탁하네.
휴~
아싸!

그럼 시간 계측 부서부터 가 볼까요?
여기 있는 건 루비듐 원자시계와 세슘 원자시계인데…
세슘 원자시계
소곤 소곤
삐삐삐
삐삐삐
중얼 중얼
루비듐 원자시계
K Ca Rb Sr Cs Ba
오! 각각의 원소 기호가 나왔네요!
조마 조마
이건 광격자 시계*라고 해서 아직 개발 도중에 있는…
광격자 시계
팟
Yb
맞아요. 이터븀이 들어 있어요.

아라하 박사님, 이 로봇은 어떤 원리죠?
대단한데요?
하하하 대단하지?

그건 그렇고, 다른 부서도 설명해 주게나.
네. 아직 많이 남았죠. 그럼 이번엔 항공 기술부로 가시죠.

* 여기에 나오는 연구소는 가상의 장소지만 광격자 시계는 현재 실제로 연구되고 있다. 3천억 년에 1초의 오차가 있는 것으로 알려져 있다.

원소 도감 ▶루비듐 147쪽 ▶세슘 157쪽 ▶이터븀 165쪽

특수한 물건들의 주요 원소

항공기 엔진 부품과 광섬유 등 눈에 띄지는 않으나 우리 생활에 없어서는 안 되는 것들에 희귀 원소들이 유용하게 쓰인다.

분야	물건	원소	설명
항공기술 분야 	제트 엔진의 터빈 블레이드	· 니켈(Ni) · 레늄(Re) · 하프늄(Hf)	▶ 니켈이 주가 되는 합금에 레늄이나 하프늄을 첨가하면 내열성과 강도가 향상된다.
전자공학 분야 	어븀 첨가 광섬유	· 규소(Si) · 산소(O) · 어븀(Er)	▶ 어븀을 첨가하면 장거리 광통신에서도 빛 에너지가 약해지지 않고 전달된다.
온도 계측 분야 	저온용 온도계	· 수은(Hg) · 탈륨(Tl)	▶ 탈륨을 첨가하면 수은의 녹는점*이 낮아지므로 저온용으로 사용할 수 있다.

* 고체가 액체로 변하기 시작하는 온도

 원소 도감 ▶레늄 167쪽 ▶하프늄 166쪽 ▶어븀 164쪽 ▶탈륨 172쪽

제14화

새로 만들어 낸 원소

찾을 수 있는 원소는 다 찾은 것 같구나.

지금부터는 내가 하는 말을 노트에 받아 적으렴.
네!

뭐부터 얘기할까… 아무래도 이것부터 시작해야겠지.
원자 번호 113 니호늄!
113
Nh
니호늄
니호늄이요?

새로 발견한 원소는 발견자에게 명명권이 부여된단다.
끄덕 끄덕
이 니호늄은 일본이 명명권을 획득한 원소인데
아~!

쉽게 말하면 원소 2개를 충돌시켜서 하나의 커다란 원소로 만든 거야.
니호늄도 물론 인공적으로 만들어진 것으로,
아시아에서는 처음이지.
그렇군요.
니호늄이 합성되는 과정
1. 다음의 두 원자를 준비한다.
Zn
아연 (원자 번호 30)
Bi
비스무트 (원자 번호 83)
2. 아연의 원자핵을 비스무트에 충돌시킨다.
Zn
Bi
3. 완성!
Nh
니호늄 (원자 번호 113)
아! 30이랑 83을 더하면 113이군요!
원자 번호를 유심히 살펴보렴.
실제로 만들어 내는 건 대단히 어려운 과정이라 할 수 있지.
말하기는 쉽지만…

먼저 원자와
원자, 정확히는
원자핵과
원자핵을
충돌시켜야
하는데
원자핵은
1천억 분의
1mm로
무척 작아서
이들이 제대로
충돌할 확률은
매우 낮다다.
휙
휙
휙
표적
휙
휙

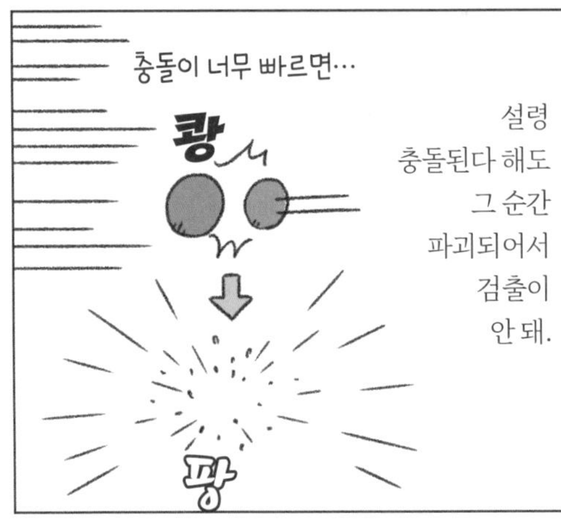

충돌이 너무 빠르면…
쾅
설령
충돌된다 해도
그 순간
파괴되어서
검출이
안 돼.
팡

또 하나,
충돌시킬
때의 속도도
중요하지.
속도라…

이렇게 고난도
실험이라는 사실을
알면서도
연구팀은 실험
설비를 하나하나
설계하고 건설한
다음 실험 조건을
수도 없이 변경
하면서 연구를
거듭했지.
그리고 마침내
성공해 낸 거야.

↑ 원자핵을 충돌시키는 장치

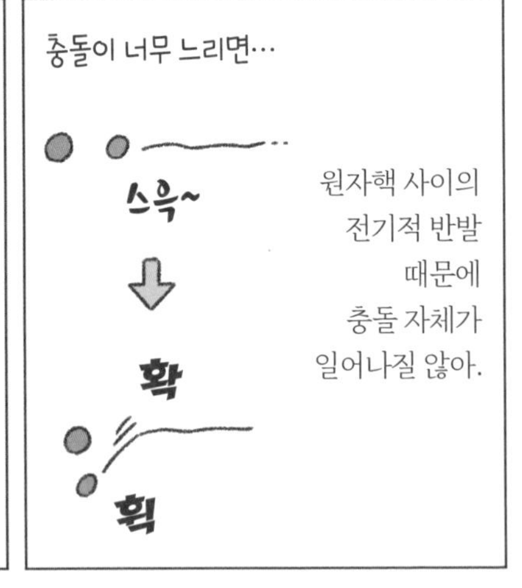

충돌이 너무 느리면…
스윽~
원자핵 사이의
전기적 반발
때문에
충돌 자체가
일어나질 않아.
확
휙

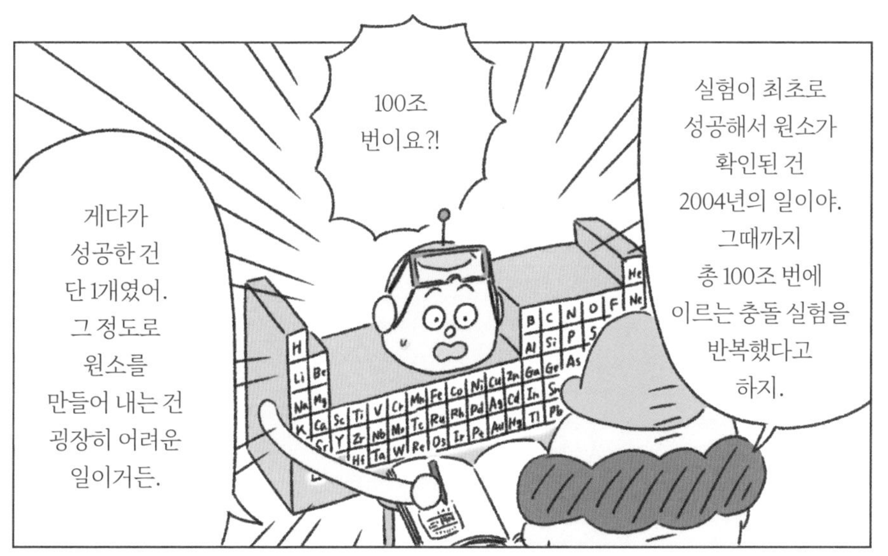
실험이 최초로 성공해서 원소가 확인된 건 2004년의 일이야. 그때까지 총 100조 번에 이르는 충돌 실험을 반복했다고 하지.
100조 번이요?!
게다가 성공한 건 단 1개였어. 그 정도로 원소를 만들어 내는 건 굉장히 어려운 일이거든.

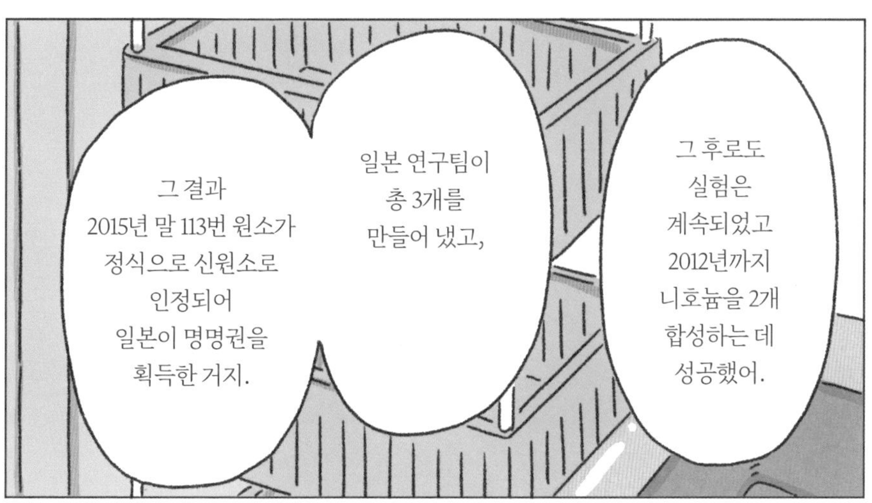
그 후로도 실험은 계속되었고 2012년까지 니호늄을 2개 합성하는 데 성공했어.
일본 연구팀이 총 3개를 만들어 냈고,
그 결과 2015년 말 113번 원소가 정식으로 신원소로 인정되어 일본이 명명권을 획득한 거지.

내가 만들어 낸 건 아니고…
그래도 축하할 건 축하해야죠.
하하하. 새 원소의 탄생도 축하하고요.
짝짝

축하해요~!
짝 짝 짝

네?
그럼 왜 신원소를 만들죠?

음… 실은 현재 뭔가에 유용하게 쓰이고 있는 건 아니란다. 왜냐하면 만들어지자마자 바로 붕괴해 버리거든.
그런데 니호늄은 어디에 쓰여요?

참고로 한 가지 덧붙이자면 니호늄보다 큰 원소 중에는 바로 붕괴하지 않고 어느 정도 안정된 상태를 유지하는 원소가 있을 거라는 추측도 있단다.

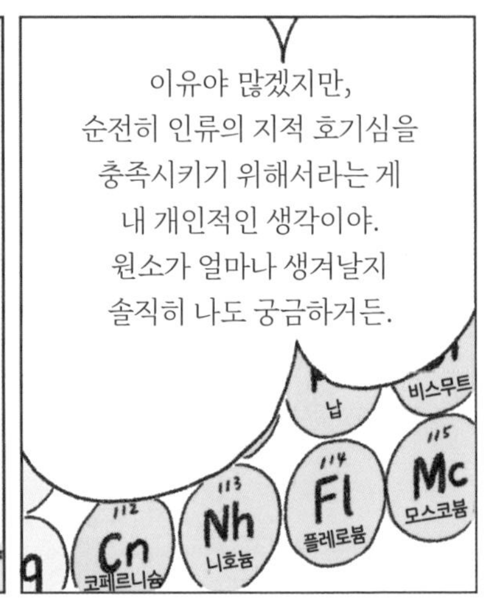
이유야 많겠지만, 순전히 인류의 지적 호기심을 충족시키기 위해서라는 게 내 개인적인 생각이야. 원소가 얼마나 생겨날지 솔직히 나도 궁금하거든.
납
비스무트
112
Cn
코페르니슘
113
Nh
니호늄
114
Fl
플레로븀
115
Mc
모스코븀

우와~ 무척 기대되는데요?
그렇지? 그러니까 누구도 예상하지 못한 일이 일어날 수도 있다는 호기심 때문에 신원소를 만드는 거야.

만약 그걸 만들어 낸다면 화학적 분석도 가능하겠지.
분석이든 뭐든 다 해요.
매우 크면서 매우 안정적인 원소
그러면 지금은 누구도 상상할 수 없는 사실이 규명되면서 획기적인 기술이 탄생할 수도 있지.

쓱
Ts
Og
팟

그 뒤로도
박사님의 수업을
계속되었고,
드디어…
됐다—

드디어
완성했어요!
118/118
달성도

끼—긱
?
아니에요.
박사님이
안 계셨으면…

무슨 소리…
자네가
노력한
결과지.
모두
박사님
덕분이
에요!

슉
슉
슉

쾅

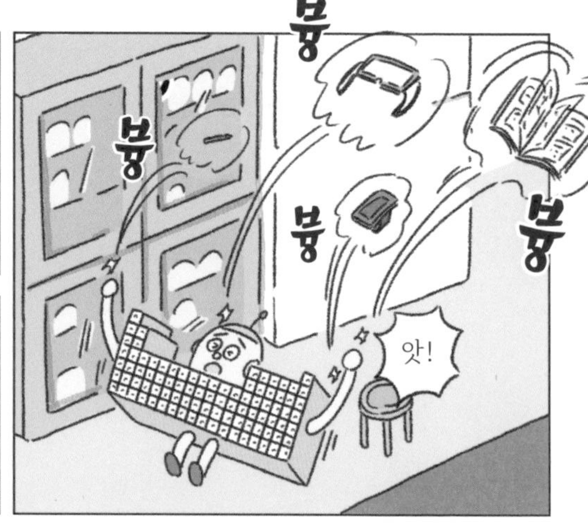
붕
붕
붕
붕
앗!

둥
둥
잉?

?
조용…

지금부터
넘버 E-12의
강제 송환
모드로
전환한다.
찰칵
Mn
Fe
Co
Ni
Tc
Ru
B
C
N
Al

휙
휙
!?
휙
탁

팍
팍
팍

내 진짜 이름이다…
헉
E-12…
…
좌
아
아
아
아
아
악
임무 담당자 오리엔테이션
자동으로 우주선으로 돌아오게 됩니다.
임무 완료 후에는 강제 송환 모드로 전환되며
원소의 기초
E-12
너는 지구로 가서 원소의 최신 정보를 수집해 오너라.
난 별자리를 맡게 됐어.
난 원소를 조사하러 가게 됐어.

짧은
시간이었지만
정말
즐거웠어요.
그래그래.
나도
즐거웠다.
둥
둥
활
활
활
활
띠
띠
띠

박사님,
전부 생각났어요.
미션 달성 후에는
즉시 별로 귀환해야
한댔어요.
그렇구나.
활
활
활

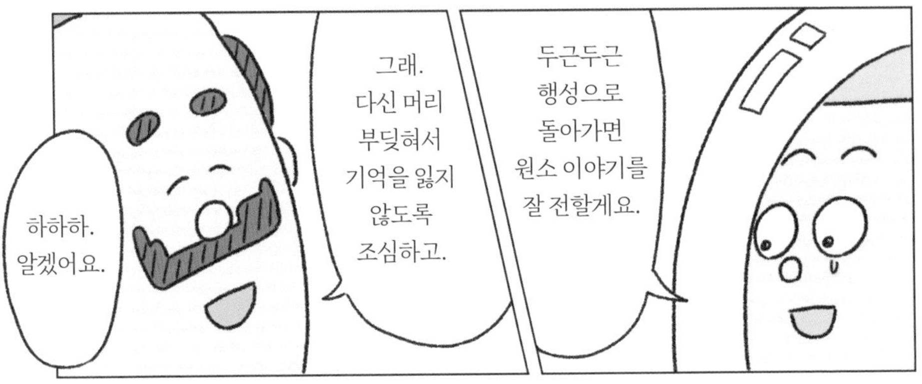
두근두근
행성으로
돌아가면
원소 이야기를
잘 전할게요.
그래.
다시 머리
부딪혀서
기억을 잃지
않도록
조심하고.
하하하.
알겠어요.

콰
광
아!!

박사님,
정말로…
아,
창문 열고…

슈웅

드르릉
떠용

드드드드
콰앙

가버렸군.
반짝

슈~웅
그동안 정말
감사했습니다~
Fe
Co
Ni

폭풍 같은
2주였어…

그나저나
저 구멍은 어쩐다~
어라?
신발을 놓고 갔네…

5

재밌게 배우는 원소 도감

원소를 표현하는 아이콘

상온에서의 상태	 고체 액체 기체	인공적으로 만든 원소		방사선을 방출하는 원소	

지구에서 가장 많이 쓰이는 금속

26 Iron

Fe

철

주기율표에서의 위치

발견 : 미상

이름 : '쇠, 철'을 의미하는 라틴어 페룸(ferrum)에서 유래

철은 지구 전체로 볼 때 가장 많이 존재하는 것으로 알려져 있다. 부식되기 쉽다는 단점이 있지만 쉽게 얻을 수 있고 가격이 저렴하며 가공하기 쉬워, 인류가 가장 널리 이용하고 있는 금속이다. 철의 가장 큰 특징은 첨가하는 물질의 종류나 양에 따라 성질이 변한다는 점이다. 탄소(6)를 소량 첨가한 것을 '강'이라고 하며, 여기에 크로뮴(24)이나 망가니즈(25) 등 다양한 원소를 혼합하면 성능이 향상된다. 인체에서는 산소를 온몸 구석구석까지 운반하는 역할을 맡고 있다.

조리 기구 및 식기

가전 및 전자 기기 부품

건물의 구조 재료 (철근 등)

산업용 기계

자동차 몸체

전철 몸체

선로

활약 지수 1등!

140

해당 원소가 들어간 사물이나 그 원소가 이용되는 물건

해당 원소의 성질 또는 화합물일 때의 성질 등

원소 도감 읽는 방법

주요 특징

원자 번호

원소 기호

한글 원소명

영어 원소명

자석으로 변신하는 귀중한 존재

발견 : 1735년

27 Cobalt

Co

코발트

고체

이름 : 코발트 광석은 제련 시 독성이 나와 악귀(독일어 코볼트(Kobold))가 붙었다고 한 데서 유래

철(26), 니켈(28)과 더불어 강자성체*의 하나로 자석의 원료로 쓰인다. 합금이 되면 견고해지는 특징이 있다. 염소(17)와의 화합물인 염화 코발트는 보통 파란색이지만, 수분을 흡수하면 분홍색으로 변하므로 건조제에 배합된다.

* 자석에 잘 붙는 성질을 지닌다

금속 알레르기의 원인이 되기도

발견한 년도: 1751년

28 Nickel

Ni

니켈

고체

이름 : '구리의 악마'라는 뜻의 독일어 쿠페르니켈(Kupernickel)에서 유래

코발트(27)와 마찬가지로 강자성체다. 옛날 니켈 광석 중 구리 광석과 비슷하게 생긴 것이 있어 거기에서 구리를 채취하려고 몇 번을 시도했으나 번번이 실패한 것이 이름의 유래가 되었다. 철(26), 크로뮴(24)의 합금은 스테인리스강으로 널리 쓰인다. 한편 니켈은 금속 알레르기를 일으키기도 한다.

스테인리스는 철에 크로뮴, 니켈을 첨가한 것이다.

141

이 숫자는 해당 원소의 원자 번호

표 안의 세로줄을 '족', 가로줄을 '주기'라고 합니다.
예를 들어 산소의 경우 '16족 2주기'라고 부르는데,
이것으로 주기율표의 어디에 위치하는지 알 수 있습니다.

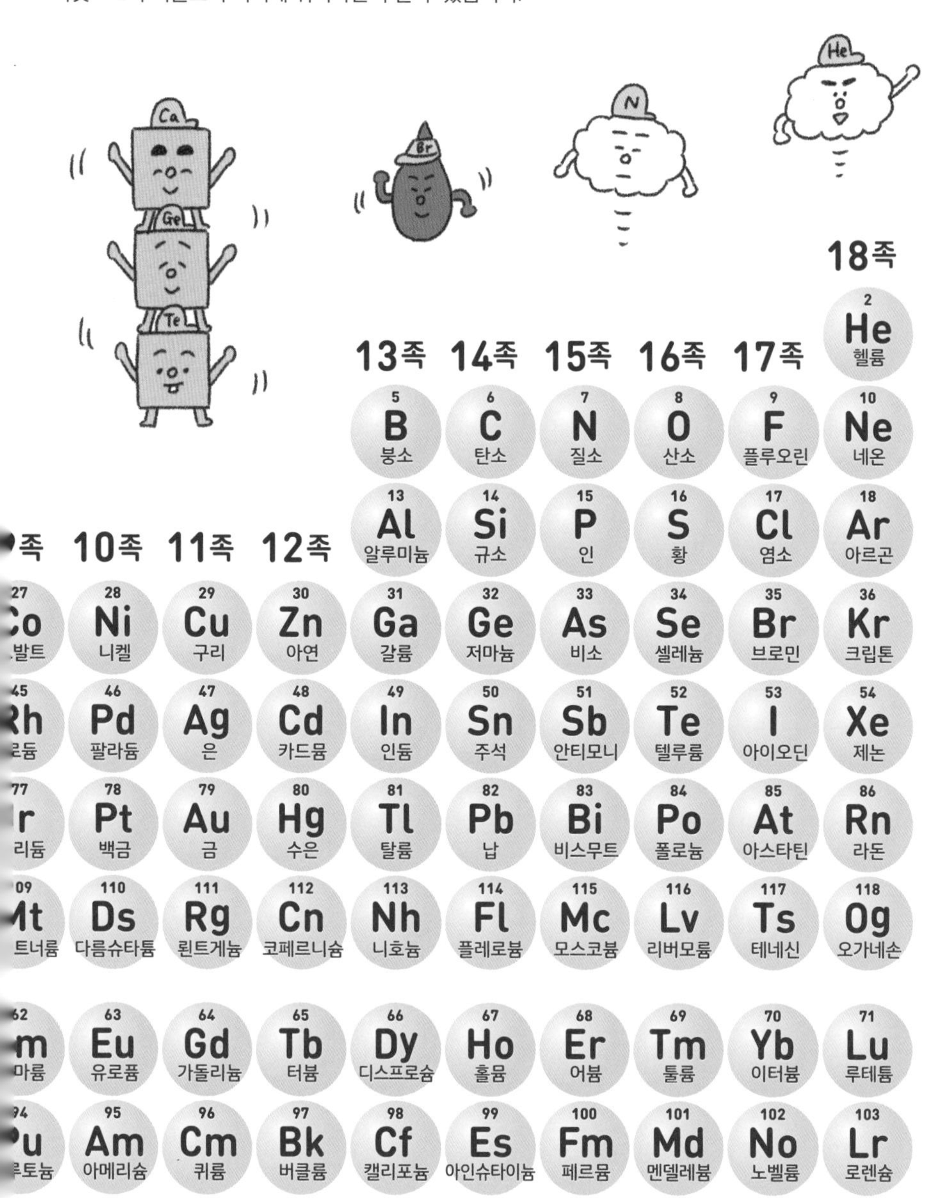

Ca
Ge
Te
Br
N
He
18족
2 He 헬륨
13족
14족
15족
16족
17족
5 B 붕소
6 C 탄소
7 N 질소
8 O 산소
9 F 플루오린
10 Ne 네온
13 Al 알루미늄
14 Si 규소
15 P 인
16 S 황
17 Cl 염소
18 Ar 아르곤
10족
11족
12족
28 Ni 니켈
29 Cu 구리
30 Zn 아연
31 Ga 갈륨
32 Ge 저마늄
33 As 비소
34 Se 셀레늄
35 Br 브로민
36 Kr 크립톤
46 Pd 팔라듐
47 Ag 은
48 Cd 카드뮴
49 In 인듐
50 Sn 주석
51 Sb 안티모니
52 Te 텔루륨
53 I 아이오딘
54 Xe 제논
78 Pt 백금
79 Au 금
80 Hg 수은
81 Tl 탈륨
82 Pb 납
83 Bi 비스무트
84 Po 폴로늄
85 At 아스타틴
86 Rn 라돈
110 Ds 다름슈타튬
111 Rg 뢴트게늄
112 Cn 코페르니슘
113 Nh 니호늄
114 Fl 플레로븀
115 Mc 모스코븀
116 Lv 리버모륨
117 Ts 테네신
118 Og 오가네손
63 Eu 유로퓸
64 Gd 가돌리늄
65 Tb 터븀
66 Dy 디스프로슘
67 Ho 홀뮴
68 Er 어븀
69 Tm 툴륨
70 Yb 이터븀
71 Lu 루테튬
95 Am 아메리슘
96 Cm 퀴륨
97 Bk 버클륨
98 Cf 캘리포늄
99 Es 아인슈타이늄
100 Fm 페르뮴
101 Md 멘델레븀
102 No 노벨륨
103 Lr 로렌슘

원소 주기율표

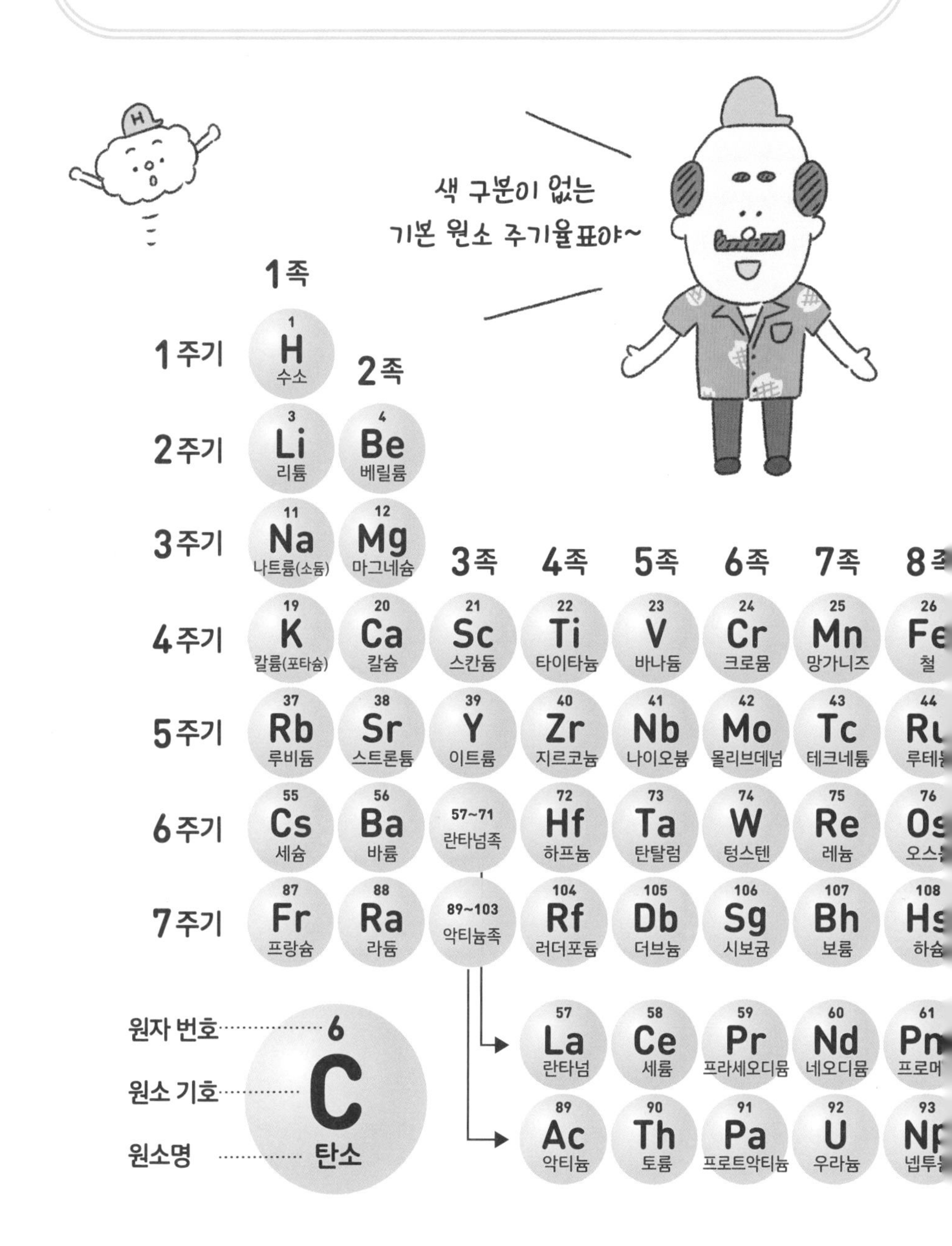
색 구분이 없는
기본 원소 주기율표야~
1족
2족
3족
4족
5족
6족
7족
1주기
2주기
3주기
4주기
5주기
6주기
7주기
1 H 수소
3 Li 리튬
4 Be 베릴륨
11 Na 나트륨(소듐)
12 Mg 마그네슘
19 K 칼륨(포타슘)
20 Ca 칼슘
21 Sc 스칸듐
22 Ti 타이타늄
23 V 바나듐
24 Cr 크로뮴
25 Mn 망가니즈
26 Fe 철
37 Rb 루비듐
38 Sr 스트론튬
39 Y 이트륨
40 Zr 지르코늄
41 Nb 나이오븀
42 Mo 몰리브데넘
43 Tc 테크네튬
55 Cs 세슘
56 Ba 바륨
57~71 란타넘족
72 Hf 하프늄
73 Ta 탄탈럼
74 W 텅스텐
75 Re 레늄
87 Fr 프랑슘
88 Ra 라듐
89~103 악티늄족
104 Rf 러더포듐
105 Db 더브늄
106 Sg 시보귬
107 Bh 보륨
57 La 란타넘
58 Ce 세륨
59 Pr 프라세오디뮴
60 Nd 네오디뮴
89 Ac 악티늄
90 Th 토륨
91 Pa 프로트악티늄
92 U 우라늄
원자 번호
원소 기호
원소명
6 C 탄소

원소 중에서 가장 작다

1 Hydrogen

수소

발견 : 1766년

기체

H																	He
Li	Be											B	C	N	O	F	Ne
Na	Mg											Al	Si	P	S	Cl	Ar
K	Ca	Sc	Ti	V	Cr	Mn	Fe	Co	Ni	Cu	Zn	Ga	Ge	As	Se	Br	Kr
Rb	Sr	Y	Zr	Nb	Mo	Tc	Ru	Rh	Pd	Ag	Cd	In	Sn	Sb	Te	I	Xe
Cs	Ba		Hf	Ta	W	Re	Os	Ir	Pt	Au	Hg	Tl	Pb	Bi	Po	At	Rn
Fr	Ra		Rf	Db	Sg	Bh	Hs	Mt	Ds	Rg	Cn	Nh	Fl	Mc	Lv	Ts	Og
			La	Ce	Pr	Nd	Pm	Sm	Eu	Gd	Tb	Dy	Ho	Er	Tm	Yb	Lu
			Ac	Th	Pa	U	Np	Pu	Am	Cm	Bk	Cf	Es	Fm	Md	No	Lr

이름 : '물'과 '생성하다'를 의미하는 그리스어 히드로(hydro), 게네스(genes)에서 유래

우주에서 최초로 탄생한 원소로
가장 많이 존재한다(우주 전체의 약 70%를 차지).
원소 중에서 가장 작고 가장 가볍다.
태양에서는 수소의 핵융합 반응으로 열과 빛을 낸다.
로켓 연료로도 활용된다.

지구에서 수소는 대부분이 물로 존재한다.
인체의 구성 원소 중에서 세 번째로 많다(중량비).
로켓 연료
수소를 사용한 연료 전지는 친환경 에너지로서 자동차 연료로 이용된다.
H

대단히 가볍다.

태양의 대부분은 수소

H
둥
둥

연소하면 물이 생긴다.

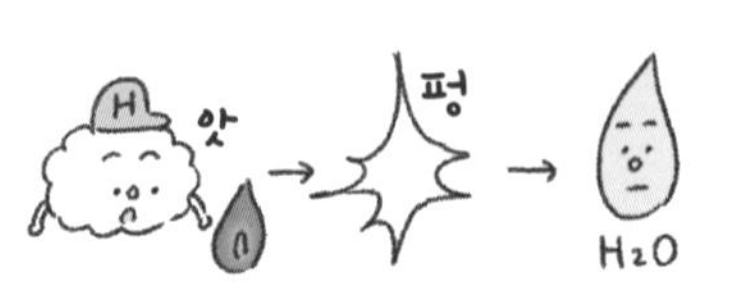
H
앗
펑
H2O

파티 말고도 다양하게 활용

발견 : 1868년

2 Helium

He

헬륨

이름 : '태양'을 의미하는 그리스어 헬리오스(helios)에서 유래

지구에는 소량만 존재하지만 우주 전체로 보면 수소(1) 다음으로 많고, 수소 다음으로 가볍다. 그러나 수소와 달리 폭발하지 않으므로 안전하다. 흡입하면 목소리가 변하는 파티용품으로 유명하다.

풍선용 가스

산소와 혼합하여 스쿠버 다이빙에 사용

파티용품

목소리 변조

비행선용 가스

두 번째로 가볍다.

불연성

조용

휴대용 전자 기기에 반드시 필요!

발견 : 1817년

3 Lithium

Li

리튬

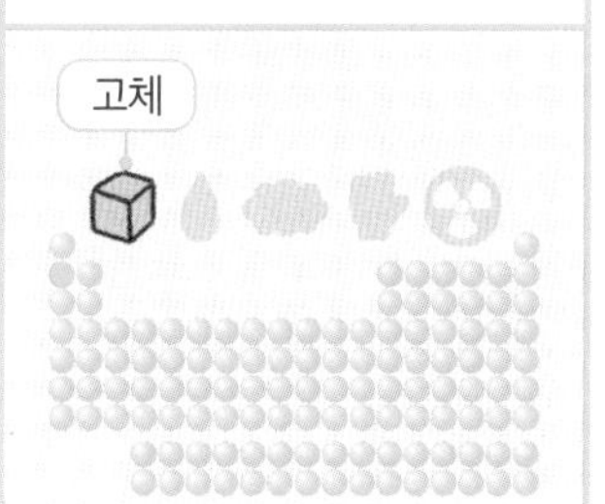

이름 : 광석에서 발견되어 '돌'을 의미하는 그리스어 리토스(lithos)에서 유래

금속 중에서 가장 가볍고, 칼로 자를 수 있을 만큼 무르다. 물과 빠르게 반응하여 수소 가스가 발생한다. 전체 원소 중에서 전자를 가장 쉽게 방출하는 성질을 갖고 있어 배터리 재료로 적합하다. 리튬 이온 배터리로 널리 쓰인다.

불꽃놀이의 빨간색 성분

휴대용 전자 기기 배터리

매우 무르다.

전자를 쉽게 방출한다.

전자

전기 자동차와 하이브리드 자동차의 배터리

인체엔 해로우나 기계엔 이로운!

발견 : 1828년

4 Beryllium

Be

베릴륨

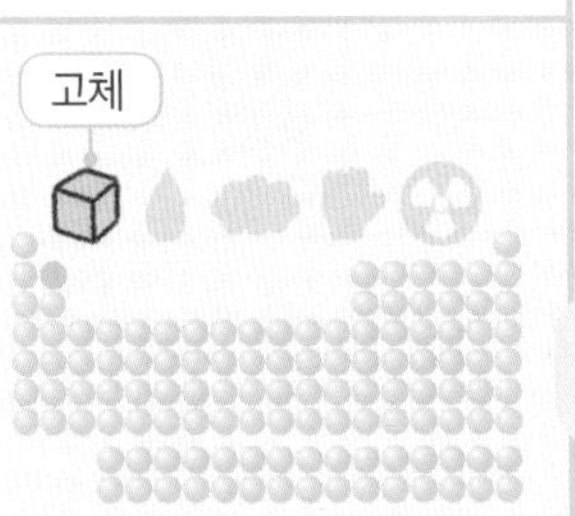

이름 : 발견된 광석
녹주석(beryl)에서 유래

가볍고 단단하며 잘 부식되지 않는 금속이다. 강한 독성이 있어 인체에 해롭다. 니켈(28)과 구리(29)에 소량 혼합하면 강도가 향상하므로 이 합금은 정밀 기계 부품으로 자주 사용된다. 산소(8) 화합물은 불에 타지 않고 견디는 내화성이 뛰어나 비행기 재료 등에 쓰인다.

가볍고
단단

산소 화합물은
불에 강하다.

바퀴벌레를 물리쳐라!

발견 : 1892년

5 Boron

B

붕 소

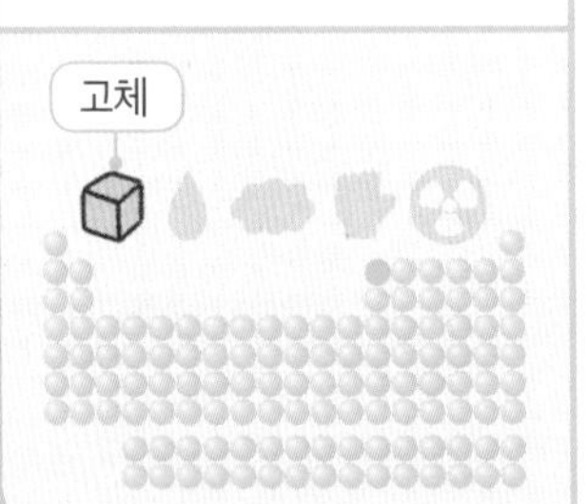

이름 : '붕사(硼砂)'를 뜻하는
아랍어 부라크(buraq)에서 유래

내화성이 뛰어나며 매우 단단하다. 붕소를 유리에 섞은 붕규산 유리는 내열성이 뛰어나 갑자기 뜨거운 액체를 넣어도 잘 깨지지 않는다. 붕소는 바퀴벌레 퇴치제에 사용된다. 붕사(붕소 화합물)와 세탁 풀을 섞으면 슬라임을 만들 수 있다.

매우
단단하다.

슬라임으로
변신

생물의 핵심 요소

6	Carbon

C

탄소

발견 : 미상

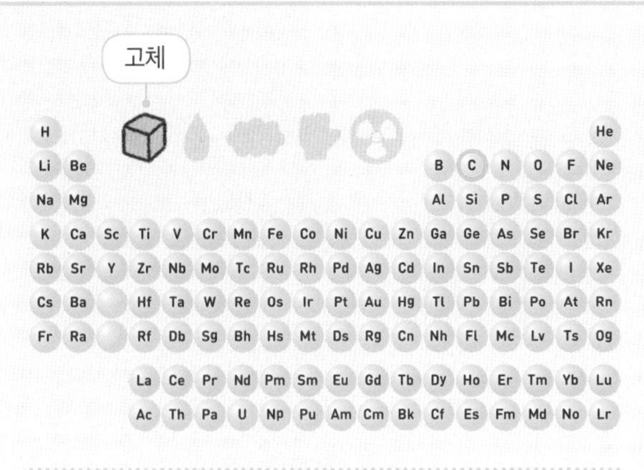

이름 : '목탄'을 의미하는
라틴어 카르보(carbo)에서 유래

머나먼 옛날부터 인간에게 알려진 원소.
생물을 형성하는 단백질과 지방 등의 골격 원소로서
매우 중요한 원소다. 탄소만으로 구성된 물질로는
다이아몬드, 흑연 등이 있는데 이들은 탄소 간
결합 방식이 서로 다르다(82쪽 참고).
다양한 종류의 원소들과 결합하여 다양한 화합물을 형성한다.
탄소 화합물은 의약품이나 의류 등
여러 곳에서 활용되고 있다.

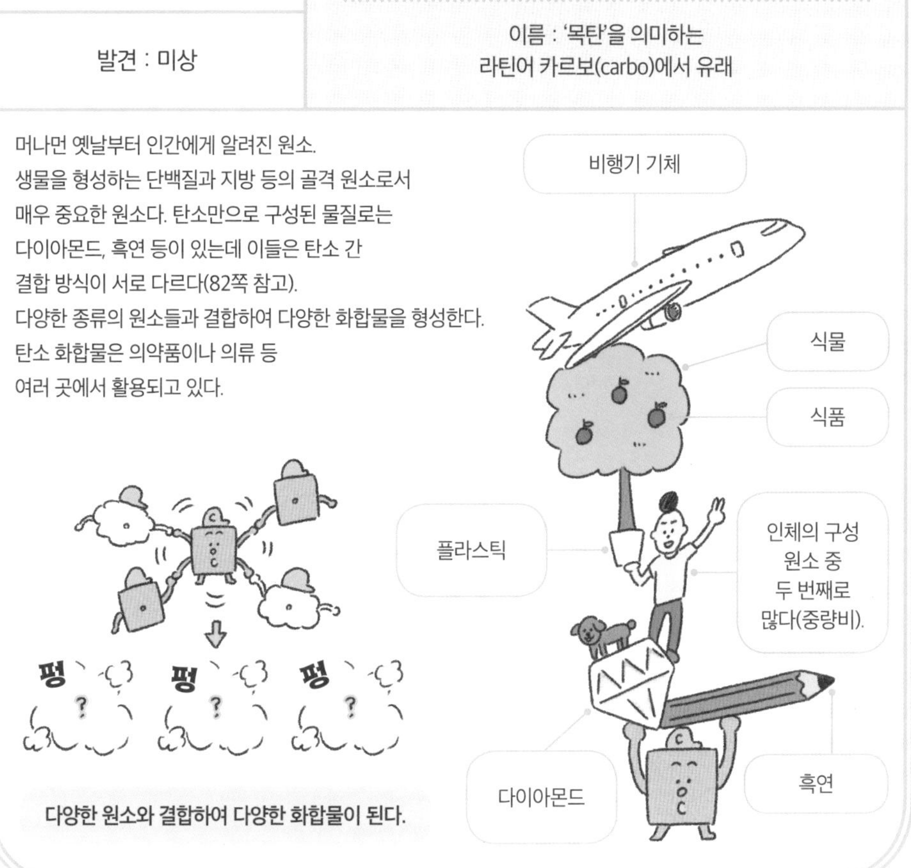

공기의 대부분을 차지!

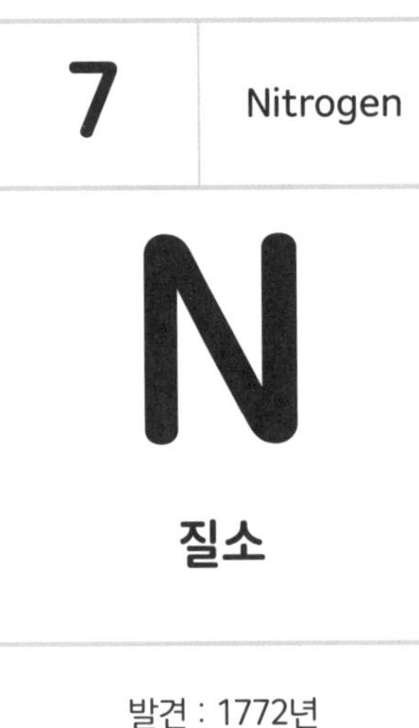

기체

H																	He
Li	Be											B	C	N	O	F	Ne
Na	Mg											Al	Si	P	S	Cl	Ar
K	Ca	Sc	Ti	V	Cr	Mn	Fe	Co	Ni	Cu	Zn	Ga	Ge	As	Se	Br	Kr
Rb	Sr	Y	Zr	Nb	Mo	Tc	Ru	Rh	Pd	Ag	Cd	In	Sn	Sb	Te	I	Xe
Cs	Ba		Hf	Ta	W	Re	Os	Ir	Pt	Au	Hg	Tl	Pb	Bi	Po	At	Rn
Fr	Ra		Rf	Db	Sg	Bh	Hs	Mt	Ds	Rg	Cn	Nh	Fl	Mc	Lv	Ts	Og
			La	Ce	Pr	Nd	Pm	Sm	Eu	Gd	Tb	Dy	Ho	Er	Tm	Yb	Lu
			Ac	Th	Pa	U	Np	Pu	Am	Cm	Bk	Cf	Es	Fm	Md	No	Lr

발견 : 1772년

이름 : '초석'과 '생성하다'를 뜻하는
그리스어 니트레(nitre)와 게네스(genes)에서 유래

공기를 구성하는 성분 중 80%를 차지하는 질소 기체의
성분 원소. 질소 기체는 화학 반응을 잘 일으키지 않는다.
인체의 중요 원소 중 하나로 단백질과 DNA 등에 들어 있다.
수소(1)와의 화합물인 암모니아는 비료를 제조할 때의 원료다.
액체 질소는 약 -196℃로 매우 차가우므로
혈액 동결 보존 등에 쓰인다.

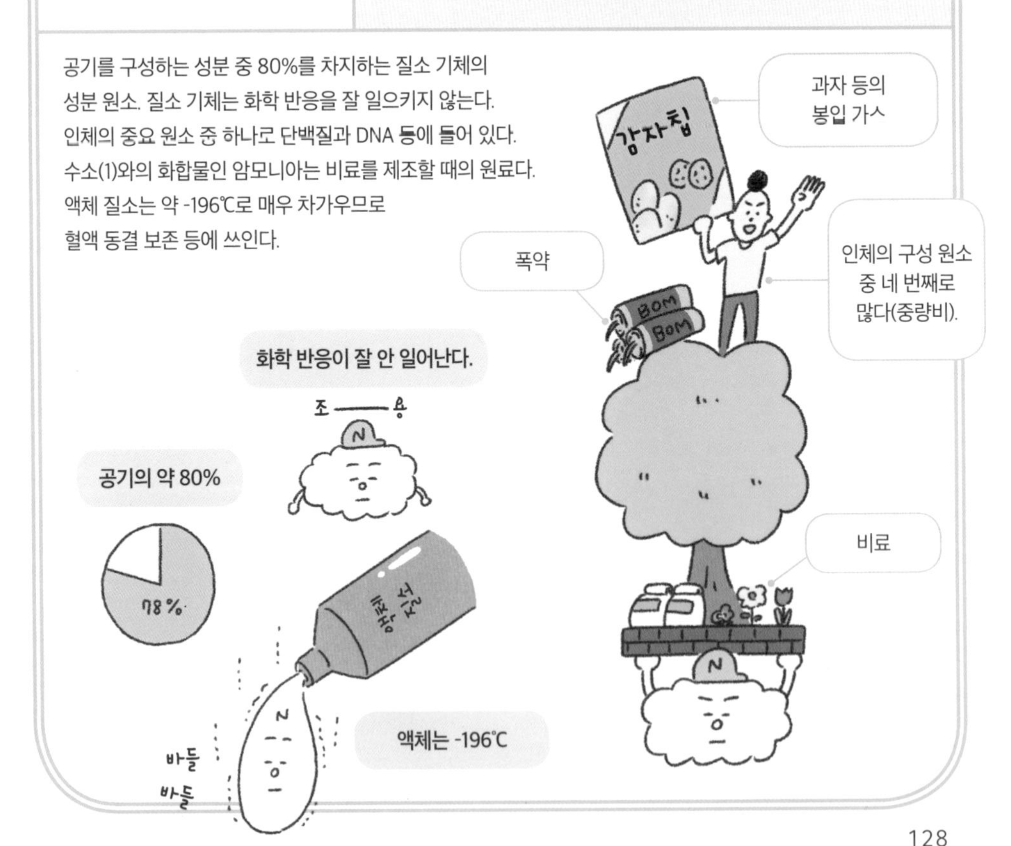

이것 없이는 못 살아!

8 Oxygen

O

산소

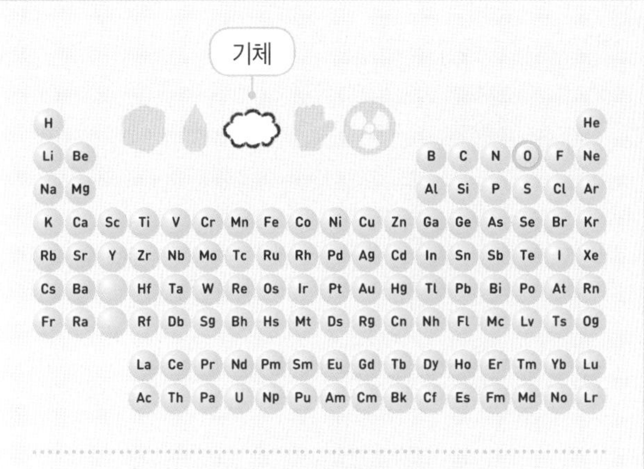

발견 : 1774년

이름 : '산(酸)', '생성하다'를 의미하는 그리스어 옥시스(oxys), 게네스(genes)에서 유래

산소 원소로 이루어진 산소 기체는 공기의 약 20%를 차지하며 생물의 호흡에 꼭 필요하다. 반응성이 높아서 많은 원소와 반응하여 산화물을 생성한다. 물체가 타거나 녹이 스는 것도 산소와 큰 관계가 있다. 생물이 공기 중에서 호흡을 통해 받아들이는 산소는 산소 원자가 2개 결합한 것이다. 산소 원자가 3개 결합한 것은 '오존'이라고 한다.

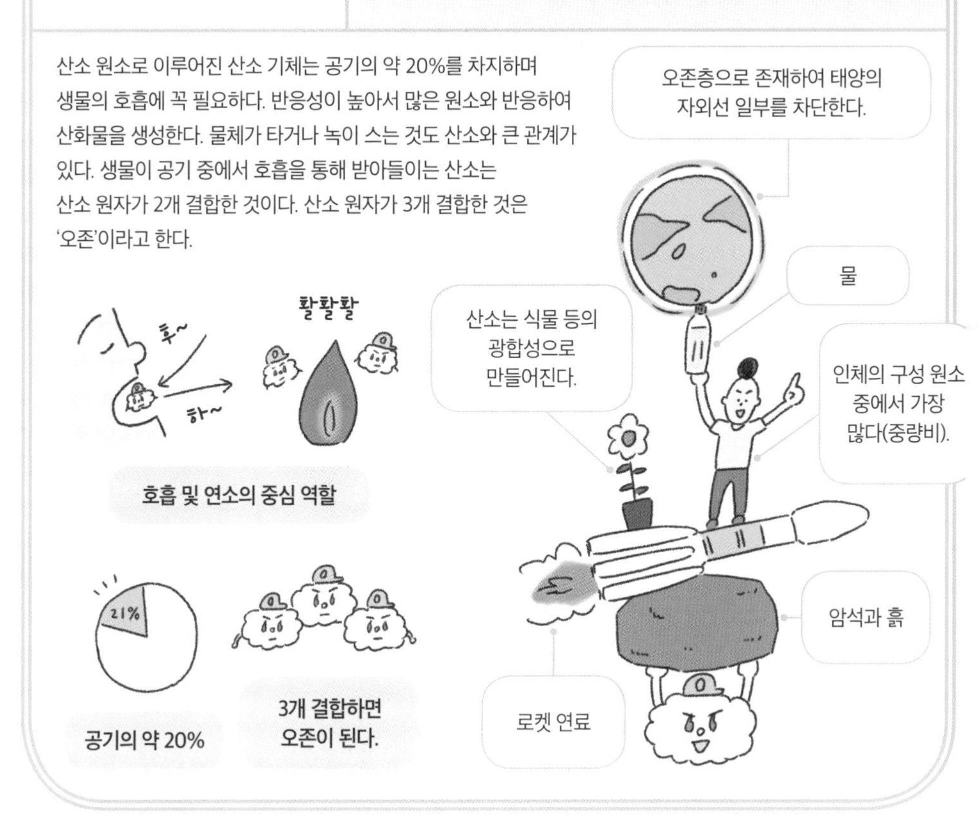

프라이팬과 치아를 지킨다

발견 : 1886년

9 Fluorine

F

플루오린

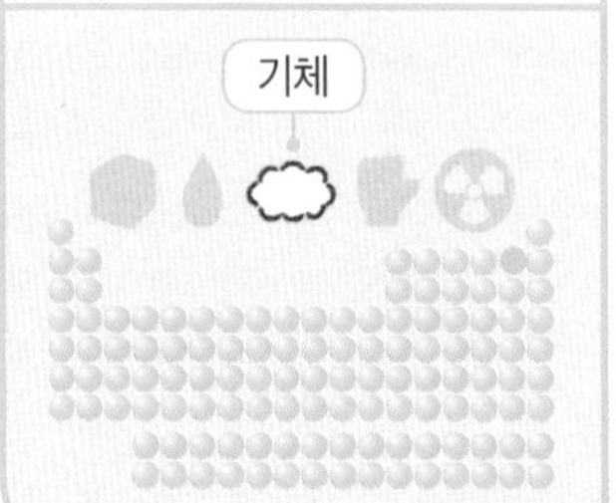

이름 : 플루오린의 주된 광석 '형석'을 의미하는 라틴어 플루오리테(fluorite)에서 유래

플루오린 기체는 반응성이 매우 높아서 대부분의 원소와 반응한다. 그러나 탄소(6)와 화합물을 이루면 거의 반응하지 않는다. 이를 불소 수지라고 하는데 내열성이 있고 물이나 기름을 튕기므로 프라이팬 등의 코팅제로 쓰인다.

탄소와 결합하면 얌전해진다.

밤거리를 화려하게 비추는 불빛

발견 : 1898년

10 Neon

Ne

네온

이름 : '새로운'이라는 의미의 그리스어 네오스(neos)에서 유래

네온은 비활성 기체 중 하나로 다른 물질과 거의 반응하지 않는다. 유리관 등에 주입하여 전압을 가하면 빨간빛을 내므로 네온사인으로 쓰인다. 아르곤(18) 등의 비활성 기체도 각각 고유한 색의 빛을 발한다.

전압을 가하면 빛이 난다.

잘 반응하지 않는다.

우리 주변 어디에나!

발견 : 1807년

11 Natrium(Sodium)

Na

나트륨(소듐)

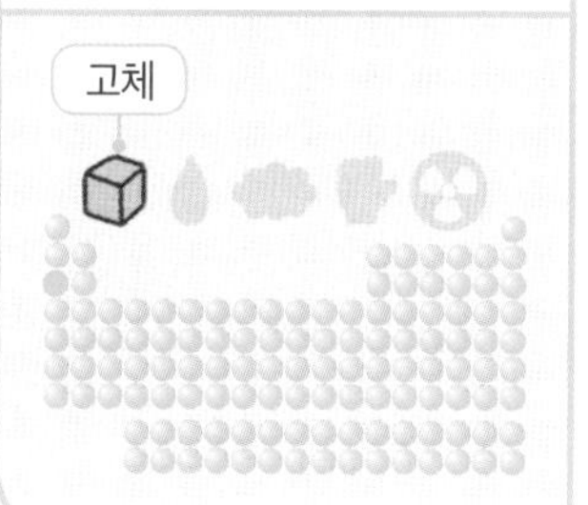

이름 : 나트륨은 천연 탄산소다의 라틴어 나트론(natron), 소듐은 소다의 아랍어 소다(soda)에서 유래

알칼리 금속에 속하는 금속이다. 나트륨의 홑원소 물질은 물과 격렬한 반응을 일으키므로 매우 위험하다. 그러나 화합물이 되면 180도 변신하여 얌전해지고, 우리 주변에 흔하게 있다. 나트륨 화합물을 불꽃에 넣으면 노란색을 낸다.

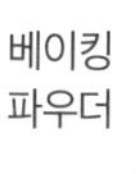
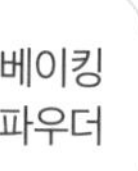
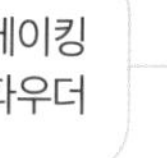

광합성에 꼭 필요해!

발견 : 1755년

12 Magnesium

Mg

마그네슘

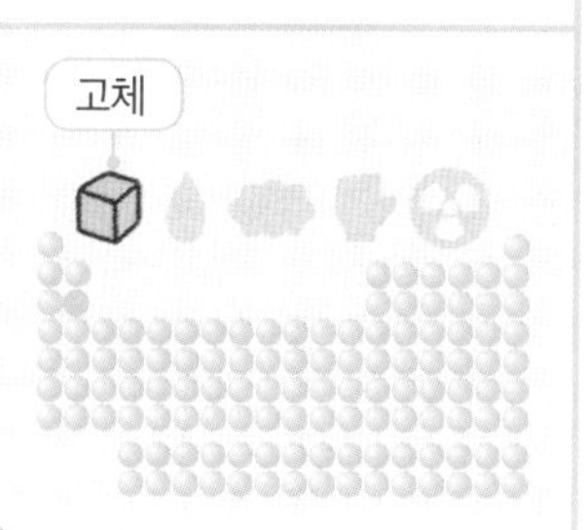

이름 : 광석이 발견된 그리스의 지명 마그네시아(Magnesia)에서 유래

리튬(3), 나트륨(11)에 이어서 가벼운 금속이다. 산화되기 쉽고 부식에 약하다. 불을 붙이면 빛을 발하면서 격렬하게 탄다. 식물 잎에 들어 있는 '엽록소'라는 물질의 주요 원소이며 광합성에 꼭 필요한 물질이다.

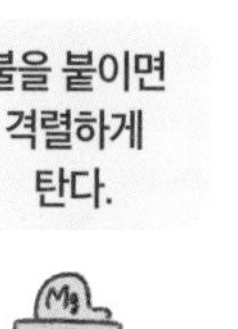

가볍고 가공하기 쉬워

13	Aluminium

알루미늄

발견 : 1825년

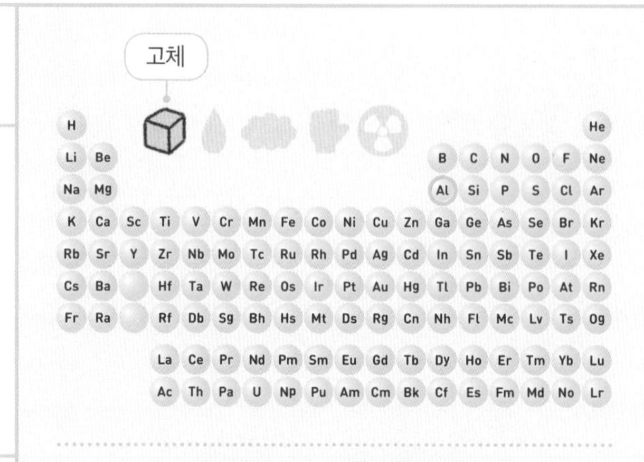

이름 : 알루미늄이 처음 분리된 백반을 뜻하는
라틴어 알루멘(alumen)에서 유래

지각 속에 풍부하게 존재한다. 가볍고 강하며 가공하기 쉬운 데다 부식이 잘 안 되는 등 장점이 많아 널리 이용되고 있다. 부식이 잘 안 되는 이유는 표면에 알루미늄과 산소(8)의 화합물에 의해 든든한 막이 만들어지기 때문이다.
알루미늄 제조에는 엄청난 양의 전기가 필요하므로 지금은 대부분을 재활용으로 생산하고 있다.

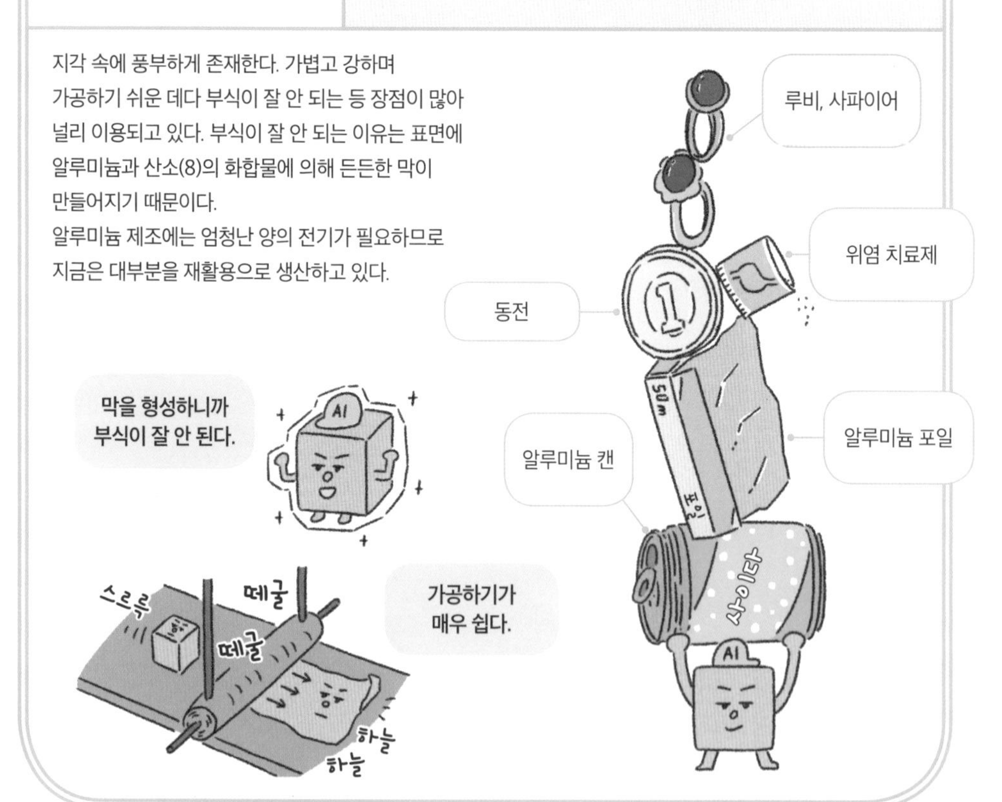

전자 회로에 꼭 필요해!

14	Silicon

Si

규소

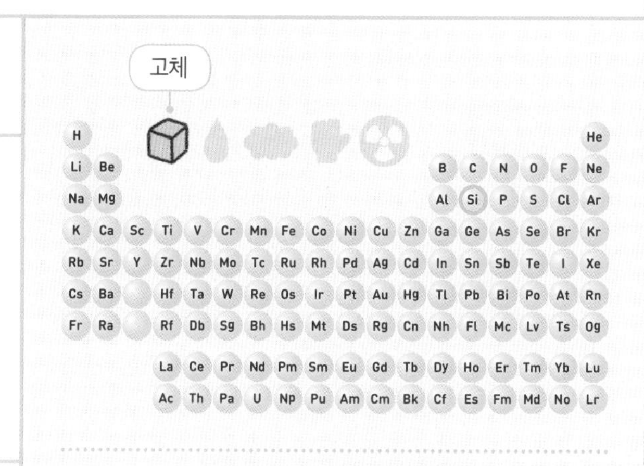

발견 : 1823년

이름 : '단단한 돌'이라는 뜻의
라틴어 실렉스(silex)에서 유래

지각 속에 풍부하게 존재하며 산소(8)에 이어서 두 번째로 많다. 규소는 온도나 빛의 유무 등 조건에 따라 전기를 전하거나 막기도 한다(이것이 반도체다).
이 성질을 이용하여 전자 회로를 구성하는 부품 소재로 널리 쓰인다.
산소와의 화합물은 흙이나 돌, 유리의 주성분이다.

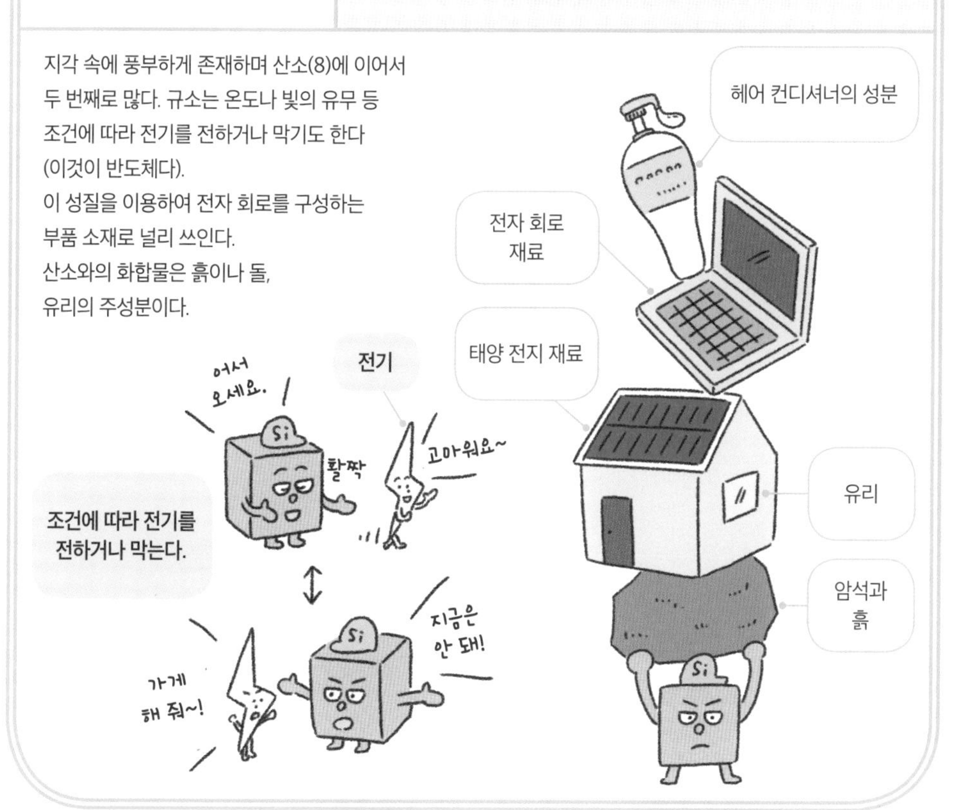

사람과 식물 모두에게 중요해!

발견 : 1669년

15 Phosphorus

P

인

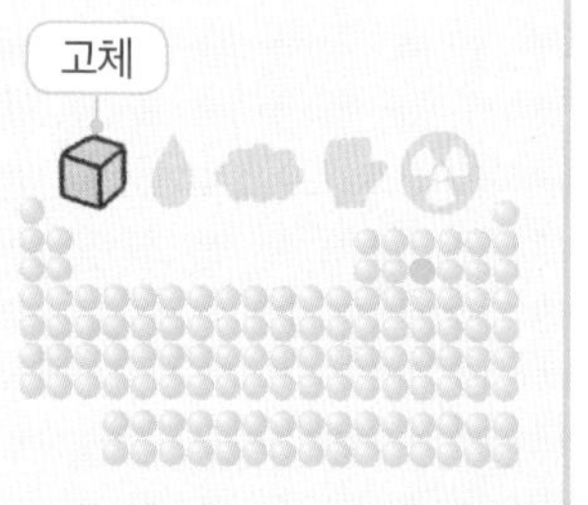

이름 : '빛'과 '운반자'를 의미하는 그리스어 포스(phos)와 포로스(phoros)에서 유래

인체의 주요 원소 중 하나로 뼈와 DNA 등에 들어 있다. 식물의 성장에 중요하며 비료의 3요소 중 하나다. 탄소(6)의 다이아몬드와 흑연의 관계처럼 인에도 몇 가지 동소체가 있는데 각각 성질이 다르다.

백린	흑린
맹독이며 공기 중에서 자연 발화한다.	화학적으로 안정되어 발화하지 않는다.

온천 냄새의 범인은 바로 나야!

발견 : 미상

16 Sulfur

S

황

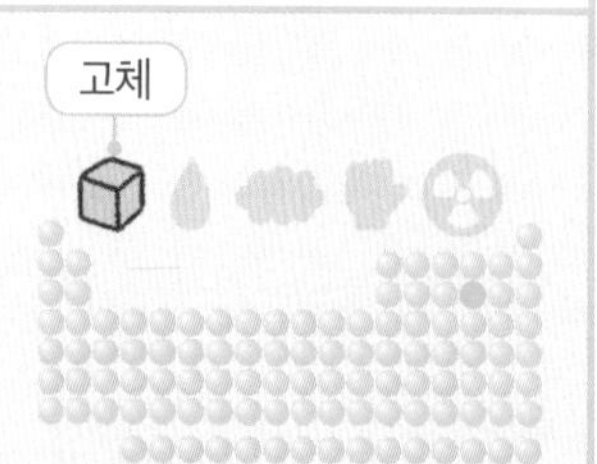

이름 : 산스크리트어 sulvere(불의 근원)에서 온 라틴어 술푸리움(sulphurium)에서 유래

머나먼 고대로부터 인간에게 알려진 원소다. 황 자체는 냄새가 없지만 수소(1)와의 화합물인 황화 수소를 이루면 썩은 달걀 냄새를 풍긴다. 고무에 황을 가하면 탄력이 증가하기 때문에 고무의 품질을 좌우하는 요소로 작용한다.

황화 수소가 되면 고약한 냄새가 난다.

수돗물 살균에는 바로 이거!

발견 : 1774년

17 Chlorine

Cl

염소

이름 : '녹황색'을 뜻하는 그리스어 클로로스(chloros)에서 유래

염소 원자 2개로 이루어진 녹황색 염소 기체는 독성이 있다. 저농도로도 코나 목의 점막을 자극하며 최악의 경우 생명이 위험할 수 있다. 살균 작용이 있어서 수돗물이나 수영장을 소독하는 데에 쓰인다.

강한 독성

살균 작용이 있다.

공기 중에 세 번째로 많아!

발견 : 1894년

18 Argon

Ar

아르곤

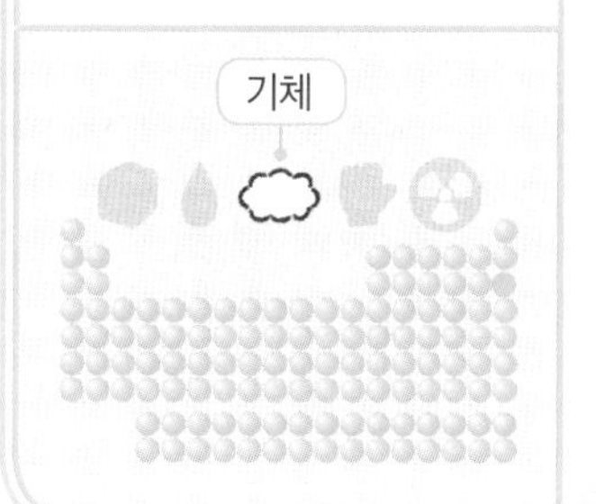

이름 : '게으름뱅이'를 뜻하는 그리스어 아르고스(argos)에서 유래

네온(10)과 같은 비활성 기체 중 하나로 다른 물질과 잘 반응하지 않는다. 아르곤은 공기 중 약 1%를 차지하여 다른 비활성 기체보다 압도적으로 많다. 공기에 비해 열을 잘 전하지 않는 성질을 가지고 있다.

잘 반응하지 않는다.

공기의 약 1%

열이 잘 통과하지 못한다.

비료의 3요소 중 하나!

발견 : 1807년

19 Kalium(Potassuim)

K

칼륨(포타슘)

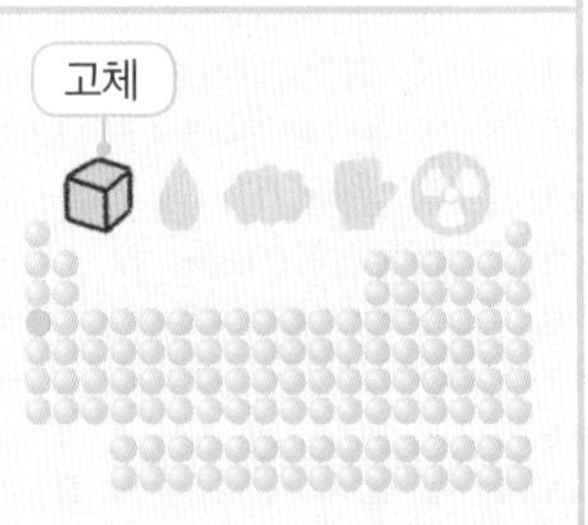

이름 : 칼륨은 아랍어 알칼리(al-qaliy), 포타슘은 항아리(pot)와 식물 재(ash)에서 유래

나트륨(11)과 마찬가지로 알칼리 금속에 속하는 금속으로 물과 격렬하게 반응한다. 공기 중에 그대로 두면 자연 발화한다. 칼륨은 질소(7), 인(15)과 함께 식물 성장에 꼭 필요한 원소다.

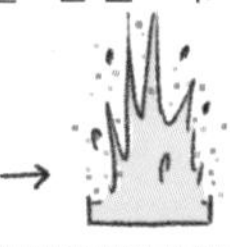

물과 격렬하게 반응한다.

공기 중에서 자연 발화한다.

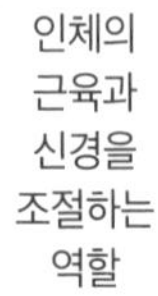

뼈와 치아의 주성분

발견 : 1808년

20 Calcium

Ca

칼슘

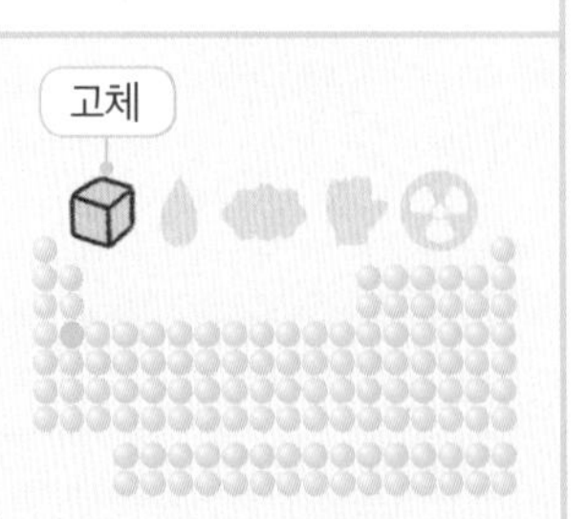

이름 : '석회'를 의미하는 라틴어 칼크스(calx)에서 유래

칼슘은 은백색 금속이지만 화합물은 백색을 띤다. 뼈와 치아의 주성분이다. 칼슘 화합물을 불꽃에 넣으면 주황빛을 띤다.

홑원소 물질은 은백색

주황색 불꽃

가볍지만 가격은 비싸다

발견 : 1879년

21 Scandium

Sc

스칸듐

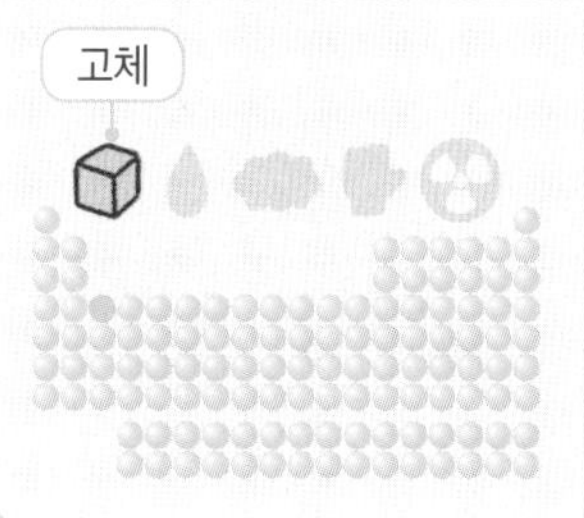

이름 : 스칸디나비아의 라틴어 이름 스칸디아(Scandia)에서 유래

무르면서 가벼운 금속이다. 전 세계적으로 거래량이 적고 가격도 비싸며, 희토류 중 하나다 (아래 참고). 알루미늄(13)에 소량을 더한 합금은 강도가 매우 높으며, 수은등에 더하면 한층 밝아진다.

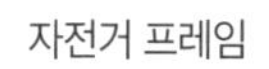

박사님의 한마디

희토류 원소란?

희토류 원소(rare earth elements)는 스칸듐(21)과 이트륨(39) 그리고 란타넘족(57~71)의 17개 원소를 부르는 총칭이다. 이것들은 화학적 성질이 유사한 그룹으로 다양한 분야에 활용된다.

예를 들어 전기 자동차 등의 모터에 사용되는 강력한 자석에는 네오디뮴(60)이 반드시 있어야 한다. 이 희토류 원소에는 야광 도료의 원료가 되는 유로퓸(63), 광섬유의 기능을 높이는 어븀(68) 등 다른 원소로 대체할 수 없는 원소가 많다.

단 희토류 원소의 생산량은 중국이 압도적으로 많아* 자원이 적은 국가에서는 희토류에 의존하지 않는 제품을 개발하는 데에 힘을 쏟고 있다.

* 전 세계 유통량 중 80% 이상이 중국산이다

내가 제일 잘 나가!

발견 : 1791년

22 Titanium

Ti

타이타늄

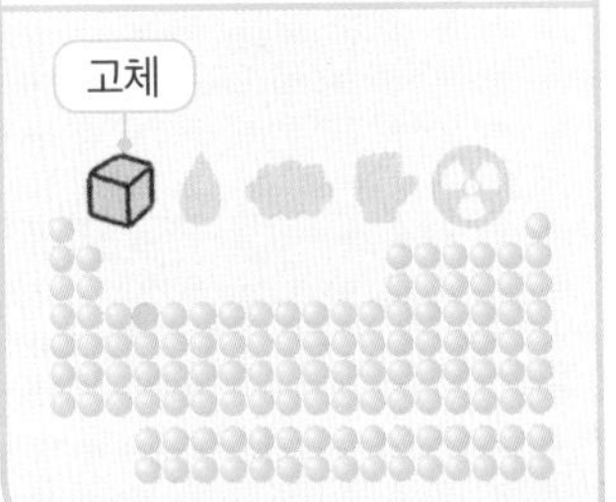

이름 : 그리스 신화 속 거인 티탄(Titan)에서 유래

가볍고 강하면서 내열성이 있으며 잘 부식되지 않는 금속이다. 인체에 알레르기를 잘 일으키지 않는다. 이러한 성질 때문에 알루미늄(13)과 더불어 우리 주변의 물건에 널리 활용되는 금속이다. 산소(8)와의 화합물인 이산화 타이타늄은 광 촉매*로 쓰인다.

알루미늄 못지않게 활약 중이다.

합금으로 변신하면 천하무적

발견 : 1830년

23 Vanadium

V

바나듐

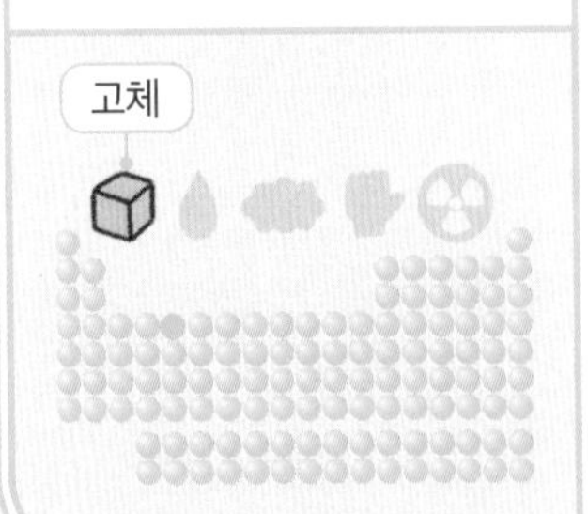

이름 : 스칸디나비아 신화 속 여신 바나디스(Vanadis)에서 유래

바나듐의 홑원소 물질은 부드러운 금속이다. 이에 비해 철(26)과의 합금인 바나듐강은 매우 견고하고 뛰어난 내마모성을 지니므로 공구 등의 재료로서 매우 적합하다. 타이타늄(22)과의 합금은 가벼우면서 강한 데다 잘 부식되지 않아 비행기 재료로 쓰인다.

바나듐강은 매우 견고하다.

타이타늄과의 합금은 가볍고 강하다.

부식으로부터 보호해 줄게!

발견 : 1797년

24 Chromium

Cr

크로뮴

이름 : '색'을 의미하는 그리스어 크로마(chroma)에서 유래

마찰과 부식에 강해 도금에 널리 사용되는 금속이다. 철(26), 니켈(28)과의 합금인 스테인리스강이 잘 녹슬지 않는 것도 크로뮴이 표면에 막을 형성하기 때문이다.

내가 지켜 줄게!

고마워!

부식에 강하여 다른 금속을 보호한다.

공구

에메랄드와 루비

정밀 기계의 부품 도금

분동

조리 기구와 식기

해저에 대량으로 저장되어 있다

발견 : 1774년

25 Manganese

Mn

망가니즈

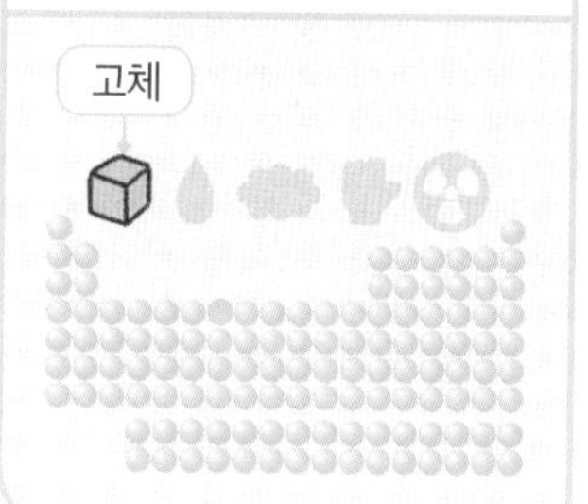

이름 : 발견된 광석 망가네슘(manganesum)에서 유래

망가니즈의 홑원소 물질은 단단하지만 잘 부서지는 금속이다. 그러나 철(26)을 조금 첨가한 망가니즈강은 충격과 마찰에 강해 널리 쓰인다. 해저에는 망가니즈, 철 등이 들어 있는 광물이 저장되어 있는데 이 금속 덩어리를 '망가니즈 단괴'라고 부른다.

단단하나 잘 부서진다.

망가니즈강은 충격에 강하다.

지구에서 가장 많이 쓰이는 금속

26	Iron

Fe

철

고체

H																	He
Li	Be											B	C	N	O	F	Ne
Na	Mg											Al	Si	P	S	Cl	Ar
K	Ca	Sc	Ti	V	Cr	Mn	Fe	Co	Ni	Cu	Zn	Ga	Ge	As	Se	Br	Kr
Rb	Sr	Y	Zr	Nb	Mo	Tc	Ru	Rh	Pd	Ag	Cd	In	Sn	Sb	Te	I	Xe
Cs	Ba		Hf	Ta	W	Re	Os	Ir	Pt	Au	Hg	Tl	Pb	Bi	Po	At	Rn
Fr	Ra		Rf	Db	Sg	Bh	Hs	Mt	Ds	Rg	Cn	Nh	Fl	Mc	Lv	Ts	Og
			La	Ce	Pr	Nd	Pm	Sm	Eu	Gd	Tb	Dy	Ho	Er	Tm	Yb	Lu
			Ac	Th	Pa	U	Np	Pu	Am	Cm	Bk	Cf	Es	Fm	Md	No	Lr

발견 : 미상

이름 : '쇠, 철'을 의미하는
라틴어 페룸(ferrum)에서 유래

철은 지구 전체로 볼 때 가장 많이 존재하는 것으로 알려져 있다. 부식되기 쉽다는 단점이 있지만 쉽게 얻을 수 있고 가격이 저렴하며 가공하기 쉬워, 인류가 가장 널리 이용하고 있는 금속이다.
철의 가장 큰 특징은 첨가하는 물질의 종류나 양에 따라 성질이 변한다는 점이다. 탄소(6)를 소량 첨가한 것을 '강'이라고 하며, 여기에 크로뮴(24)이나 망가니즈(25) 등 다양한 원소를 혼합하면 성능이 향상된다.
인체에서는 산소를 온몸 구석구석까지 운반하는 역할을 맡고 있다.

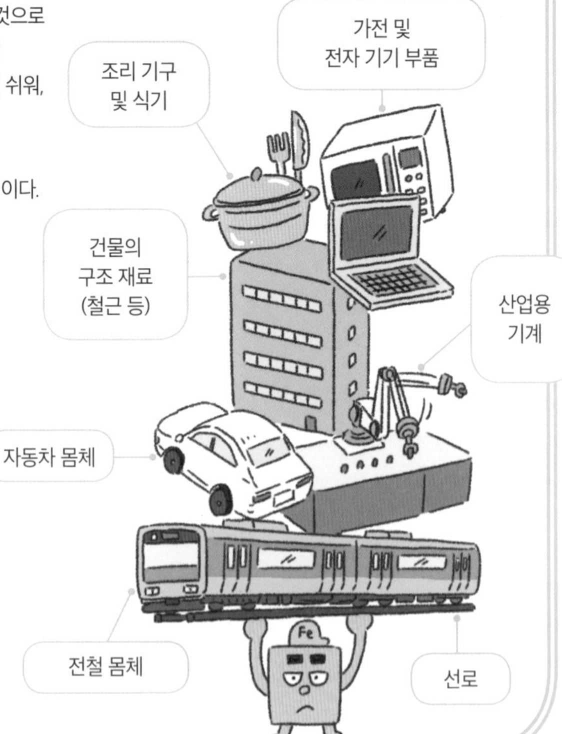

활약 지수 1등!

자석으로 변신하는 귀중한 존재

발견 : 1735년

27 Cobalt

Co

코발트

이름 : 코발트 광석은 제련 시 독성이 나와 악귀[독일어 코볼트(Kobold)]가 붙었다고 한 데서 유래

철(26), 니켈(28)과 더불어 강자성체*의 하나로 자석의 원료로 쓰인다. 합금이 되면 견고해지는 특징이 있다. 염소(17)와의 화합물인 염화 코발트는 보통 파란색이지만, 수분을 흡수하면 분홍색으로 변하므로 건조제에 배합된다.

컴퓨터의 하드 디스크 부품

그림물감의 코발트블루

안약의 유효 성분

건조제의 변색 성분

영구 자석 원료

강자성체

발견한 년도: 1751년

28 Nickel

Ni

니켈

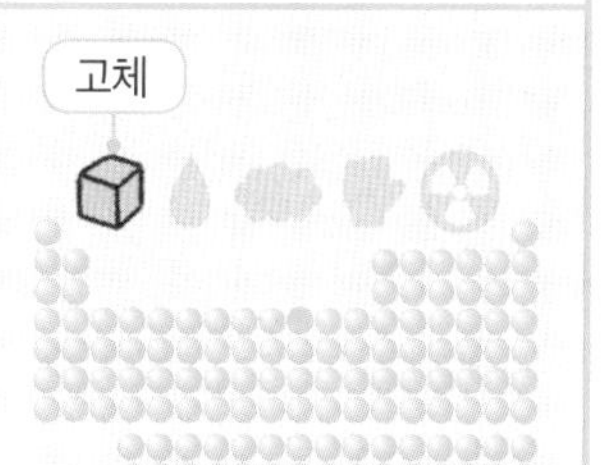

이름 : '구리의 악마'라는 뜻의 독일어 쿠페르니켈(Kupernickel)에서 유래

코발트(27)와 마찬가지로 강자성체다. 옛날 니켈 광석 중 구리 광석과 비슷하게 생긴 것이 있어 거기에서 구리를 채취하려고 몇 번을 시도했으나 번번이 실패한 것이 이름의 유래가 되었다. 철(26), 크로뮴(24)의 합금은 스테인리스강으로 널리 쓰인다. 한편 니켈은 금속 알레르기를 일으키기도 한다.

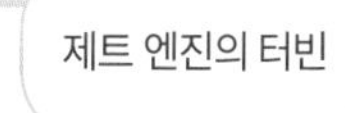

스테인리스는 철에 크로뮴, 니켈을 첨가한 것이다.

철 다음으로 많이 쓰이는 금속!

29 Copper

Cu

구리

고체

H																	He
Li	Be											B	C	N	O	F	Ne
Na	Mg											Al	Si	P	S	Cl	Ar
K	Ca	Sc	Ti	V	Cr	Mn	Fe	Co	Ni	Cu	Zn	Ga	Ge	As	Se	Br	Kr
Rb	Sr	Y	Zr	Nb	Mo	Tc	Ru	Rh	Pd	Ag	Cd	In	Sn	Sb	Te	I	Xe
Cs	Ba		Hf	Ta	W	Re	Os	Ir	Pt	Au	Hg	Tl	Pb	Bi	Po	At	Rn
Fr	Ra		Rf	Db	Sg	Bh	Hs	Mt	Ds	Rg	Cn	Nh	Fl	Mc	Lv	Ts	Og
			La	Ce	Pr	Nd	Pm	Sm	Eu	Gd	Tb	Dy	Ho	Er	Tm	Yb	Lu
			Ac	Th	Pa	U	Np	Pu	Am	Cm	Bk	Cf	Es	Fm	Md	No	Lr

발견 : 미상

이름 : 로마 시대 키프로스에서 채굴되어 '키프로스의 금속(cyprium)'으로 불리다가 쿠프룸(cuprum)으로 바뀐 것에서 유래

머나먼 옛날부터 인류에게 알려진 원소다. 약간 불그스름한 광택이 나는데 시간이 지나면 칙칙해진다. 금속 중에서 은(47) 다음으로 전기와 열을 잘 전하며 값이 싸고 인체에 무해(오히려 항균 작용이 있다)하므로 다양한 분야에서 널리 쓰여 왔다. 합금으로도 흔히 사용되며 황동〔아연(30) 합금〕, 청동〔주석(50) 합금〕, 백동〔니켈(28) 합금〕 등이 유명하다.

열과 전기를 잘 전한다.

트럼펫과 호른의 재료로 쓰여!

발견 : 1746년

30 Zinc

Zn

아연

이름 : '포크 끝'이라는 의미의 독일어 칭크(Zink)에서 유래

아연이라는 이름은 색과 모양이 납(연)과 비슷해서 붙여진 것이다. 철(26)의 부식을 방지하기 위해 아연을 입힌 것이 함석이다. 구리(29)와의 합금인 황동은 트럼펫과 호른 등 금관 악기 재료로 쓰인다.

철의 도금 재료로 쓰인다.

손에 쥐면 녹아 버리는 금속

발견 : 1875년

31 Gallium

Ga

갈륨

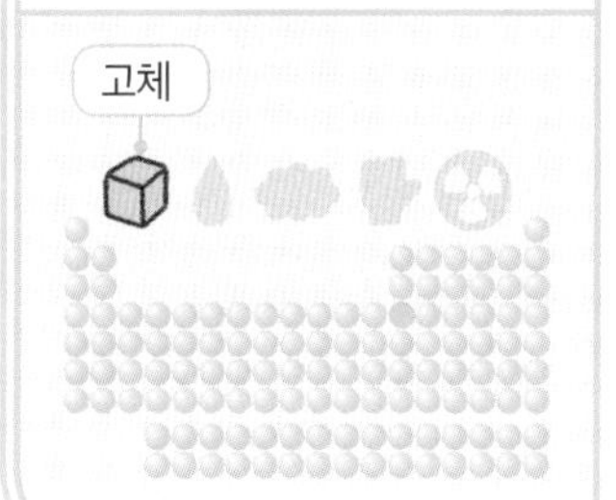

이름 : 처음 발견한 부아보드랑의 조국 프랑스의 라틴어 이름 갈리아(Gallia)에서 유래

상온에서 고체지만 녹는점이 30℃ 정도라서 체온에 녹아 버리는 희한한 금속이다. 비소(33)와의 화합물인 갈륨비소는 반도체 성질이 있어 LED의 재료로 쓰이기도 한다.

전자 회로의 재료

신호등의 LED

30℃가 넘으면 녹아 버린다.

박사님의 한마디

희소 금속이란?

경제나 산업 관련 뉴스에서 '희소 금속(rare metal)'이라는 단어를 자주 듣는다. 철·구리와 같이 쉽게 접하는 원소들은 '비천 금속(base metal)'이라고 부르는 데 반해, 인듐·텅스텐 등 47종류의 희귀한 원소는 희소 금속으로 분류한다(해당 원소는 아래의 주기율표 참고). 희소 금속은 '지구상에 존재량이 적은 원소' 또는 '광석에서 채취하는 데 많은 시간과 노고가 요구되는 원소'로서 '산업적으로 안정된 공급의 확보가 중요한 것'으로 정의한다. 즉 화학적 성질보다는 산업적으로 중요한 원소이냐, 아니냐로 결정된다. 참고로 137쪽에서 설명한 희토류 원소는 희소 금속에 포함된다(나라마다 희소 금속에 속하는 원소는 다른데 한국은 56개, 일본은 47개이며 그 가운데 17개가 희토류 원소다 — 옮긴이).

희소 금속은 우리 생활 속 여러 분야에서 활용된다. 휴대 전화를 예로 들자면 배터리의 소재가 되는 리튬(3), 액정 패널의 재료가 되는 인듐(49), 전자 부품 재료인 탄탈럼 (73) 등 여러 희소 금속이 소재로 사용되고 있다. 이외에도 자동차나 비행기, 태양 전지, 의료 장치 등에 쓰여 이제는 '희소 금속 없이는 산업이 성립될 수 없다'는 말이 있을 정도다. 이 때문에 희소 금속을 수입에 의존하는 많은 나라에서는 만일의 사태를 대비하여 비축하는 데 노력을 기울이고 있다.

이러한 가운데 희소 금속을 새로 발굴하려는 움직임도 있다. 최근 자원이 적은 많은 나라들이 자원 탐사와 연구·개발에 박차를 가하고 있다.

희소 금속의 종류

희소 금속의 종류
희토류 금속(희소 금속에 포함)

	1	2	3	4	5	6	7	8	9	10	11	12	13	14	15	16	17	18
1	H																	He
2	Li	Be											B	C	N	O	F	Ne
3	Na	Mg											Al	Si	P	S	Cl	Ar
4	K	Ca	Sc	Ti	V	Cr	Mn	Fe	Co	Ni	Cu	Zn	Ga	Ge	As	Se	Br	Kr
5	Rb	Sr	Y	Zr	Nb	Mo	Tc	Ru	Rh	Pd	Ag	Cd	In	Sn	Sb	Te	I	Xe
6	Cs	Ba	Ln	Hf	Ta	W	Re	Os	Ir	Pt	Au	Hg	Tl	Pb	Bi	Po	At	Rn
7	Fr	Ra	An	Rf	Db	Sg	Bh	Hs	Mt	Ds	Rg	Cn	Nh	Fl	Mc	Lv	Ts	Og

란타넘족(Ln)	La	Ce	Pr	Nd	Pm	Sm	Eu	Gd	Tb	Dy	Ho	Er	Tm	Yb	Lu
악티늄족(An)	Ac	Th	Pa	U	Np	Pu	Am	Cm	Bk	Cf	Es	Fm	Md	No	Lr

점점 후배들에게 밀려나고…

발견 : 1886년

32 Germanium

Ge

저마늄

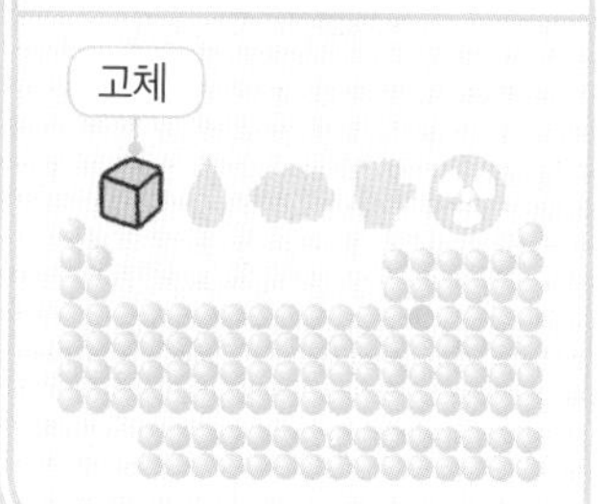

이름 : 발견자의 조국 독일의 라틴어 이름 게르마니아(Germania)에서 유래

규소(14)와 마찬가지로 저마늄도 반도체의 성질을 가지고 있다. 예전에는 저마늄이 전자 기기 부품의 재료로 많이 쓰였으나, 최근에는 규소 재료가 성능이 더 뛰어나므로 현재는 그다지 이용되지 않는다.

DVD 기록층

광섬유 첨가제

옛날 라디오 부품

안녕하세요~

끄응

깍

깍

반도체로서의 성능은 규소가 더 우수하다.

강한 독성으로 유명

발견 : 13세기

33 Arsenic

As

비소

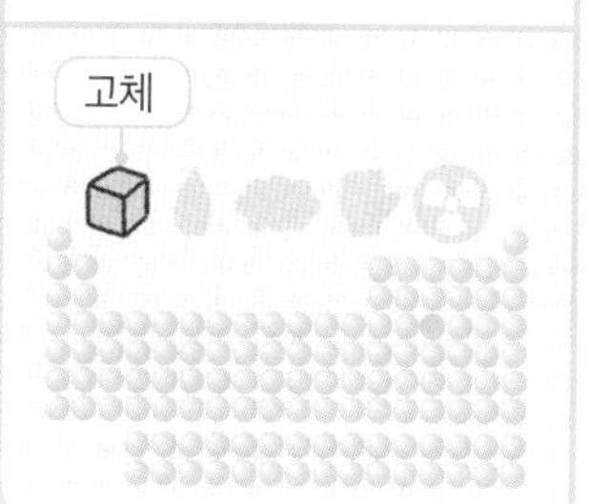

이름 : '노란색 분말'을 의미하는 그리스어 아르세니콘(arsenikon)에서 유래

강력한 독성이 있다. 우리가 먹는 톳과 다시마에 비소가 들어 있지만 보통 섭취하는 양으로는 문제 되지 않는다. 공업적으로는 갈륨(31)과의 화합물이 LED 재료로 사용된다.

전자 회로 재료

신호등의 LED

강력한 독성이 있다.

빛을 받으면 전기를 전달

발견 : 1817년

34 Selenium

Se

셀레늄

이름 : '달'을 의미하는 그리스어 셀레네(selene)에서 유래

인체의 필수 원소 중 하나로, 부족해지면 빈혈이나 심부전을 일으킬 위험이 있다. 반대로 지나치게 섭취하면 오히려 독성이 나타나기도 한다. 셀레늄은 빛을 받으면 전기를 잘 전달하는 성질이 있어서 복사기에 사용된다.

그림물감의 카드뮴 옐로

복사기의 감광 재료

빛을 받으면 전기를 전한다.

강한 독성에 지독한 냄새가

발견 : 1825년

35 Bromine

Br

브로민

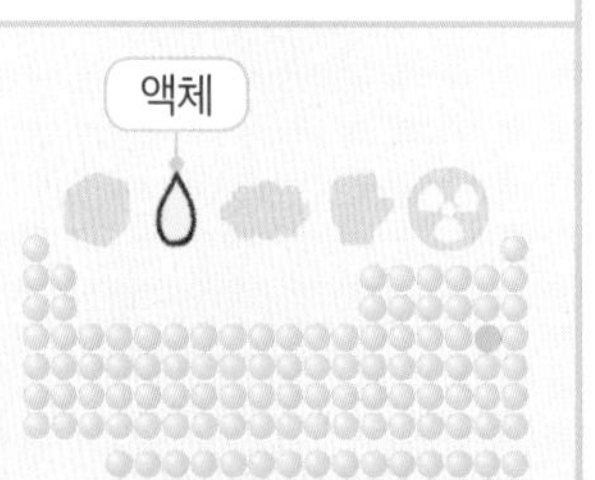

이름 : '악취'를 의미하는 그리스어 브로모스(bromos)에서 유래

상온에서 액체인 매우 희귀한 원소로, 맹독이며 불쾌한 냄새가 난다. 은(47) 화합물인 브로민화 은은 예전에 사진의 감광 재료로 많이 사용되었다. '브로마이드'라는 말은 이 원소의 영어 이름에서 유래된 것이다.

농약이나 의약품 등을 제조하기 위한 약품

아날로그 카메라 필름 및 엑스레이 사진의 감광제

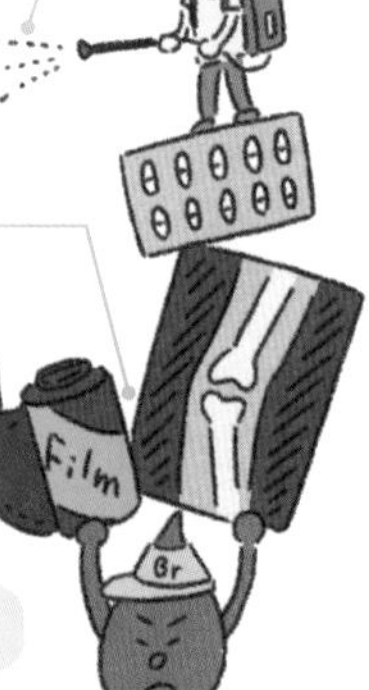

상온에서 액체인 것은 이 2개다.

자극적인 냄새가 난다.

지구에서 가장 희소한 가스!

발견 : 1898년

36 Krypton

Kr

크립톤

이름 : '숨겨진 것'이라는 의미의 그리스어 크립토스(kryptos)에서 유래

비활성 기체 중 하나로 다른 물질과 좀처럼 반응하지 않는다. 지구상에 존재하는 기체 가운데 존재량이 가장 적다. 아르곤(18)보다 발광 효율이 우수하고 열전도율이 낮다.

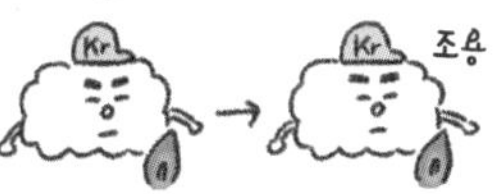

방송국에서는 루비듐 원자시계를 사용해!

발견 : 1861년

37 Rubidium

Rb

루비듐

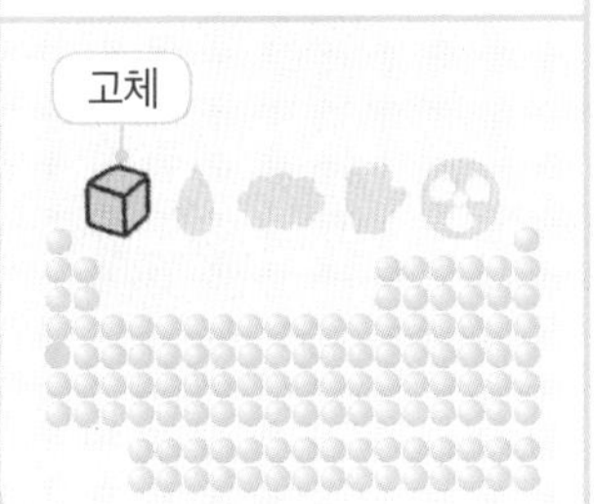

이름 : '불그레한'을 의미하는 라틴어 루비두스(rubidus)에서 유래

루비듐의 홑원소 물질은 매우 무르며 물에 넣으면 격렬한 반응을 일으킨다. 루비듐을 사용한 원자시계는 오차가 10만 년에 1초다. 방송국 중에 이 시계를 이용하는 곳도 있다.

불꽃놀이의 아름다운 빨간색은 이것 때문!

발견 : 1790년

38 Strontium

Sr

스트론튬

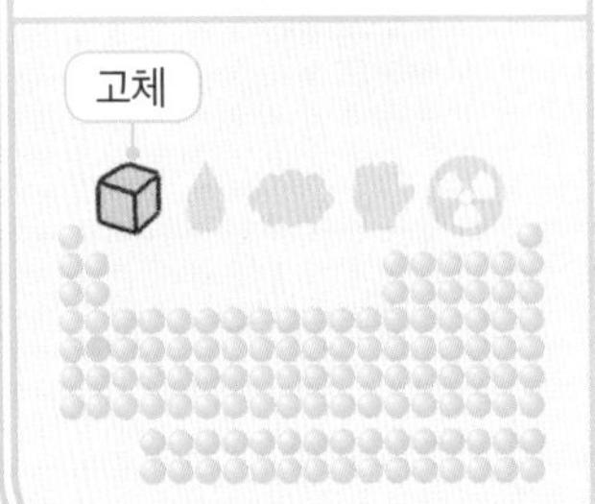

이름 : 스코틀랜드의 스트론티안(Strontian)이라는 마을에서 발견된 데에서 유래

무른 은백색 금속이다. 스트론튬 화합물을 불꽃 속에 넣으면 진한 빨간색을 띤다. 루비듐·스트론튬법이라는 분석법은 암석 등의 연대 측정에 이용된다.

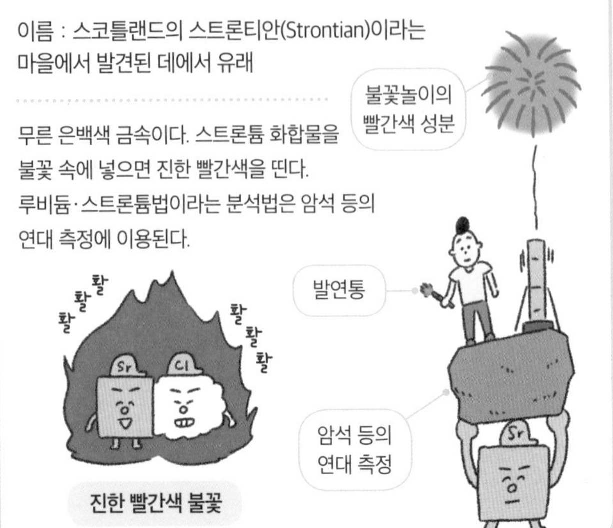

진한 빨간색 불꽃

레이저의 발광원

발견 : 1794년

39 Yttrium

이트륨

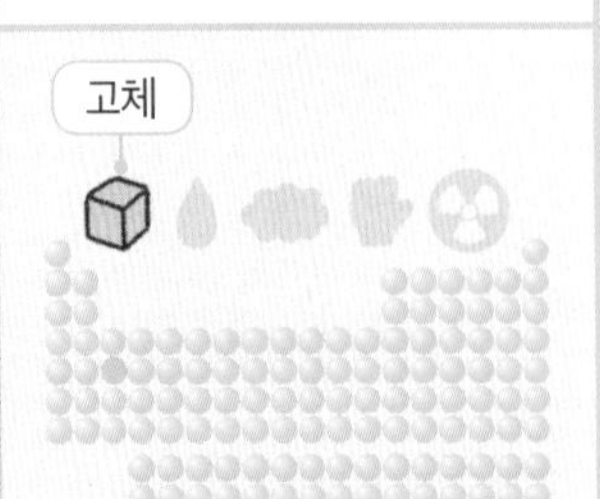

이름 : 스웨덴의 이테르비(Ytterby)라는 마을에서 발견 데에서 유래

이테르비 사형제(149쪽 참고) 중 하나인 이트륨은 무르고 산화되기 쉬운 금속이다. 알루미늄(13)과 결합하여 만들어지는 결정은 강력한 레이저를 생성하는 발광원이 되며 의료용과 공업용으로 활용된다.

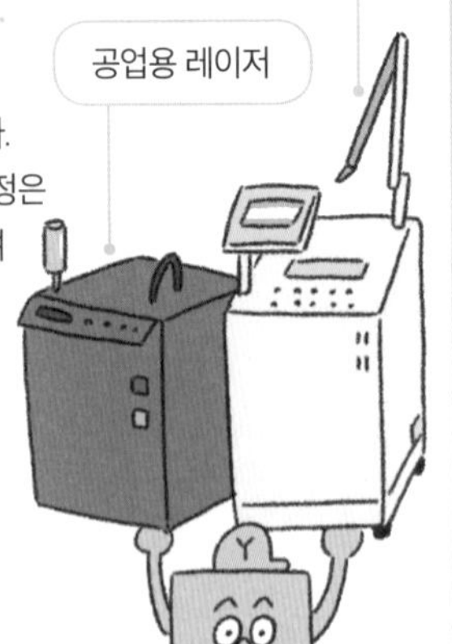

레이저의 발광원

박사님의 한마디

이테르비 사형제

스웨덴의 수도 스톡홀름의 외곽에 '이테르비'라는 마을이 있다. 이 마을은 원소 때문에 유명해졌는데 그도 그럴 것이 이 마을의 이름에서 자그마치 4개나 되는 원소의 이름이 유래되었기 때문이다. 그 원소들은 이트륨(39), 터븀(65), 어븀(68), 이터븀(70)이다. 간략하게 말하자면 이 마을에서 채굴된 검은 광석인 가돌린석에서 이 네 원소가 발견되면서 마을 이름을 원소명으로 사용한 것이다.
참고로 가돌린석에서는 앞에서 말한 네 원소를 포함해 신원소 열 종류가 발견되어 광석 자체도 매우 유명하다.

핵연료를 에워싸라

발견 : 1789년

40 Zirconium

Zr

지르코늄

고체

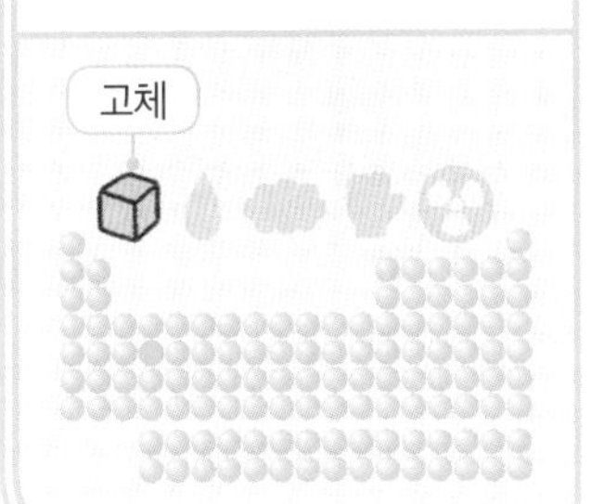

이름 : 지르콘의 변종 광석에서 발견한 산화물을 지르코니아(zirconia)라고 부른 데에서 유래

천연 금속 중에서 중성자를 가장 잘 흡수하지 않는 성질을 가지고 있어 원자력 발전에서 핵연료를 봉인하는 재료로 사용된다. 지르코늄이 들어간 세라믹은 매우 단단해서 칼과 가위의 재료로 적합하다.

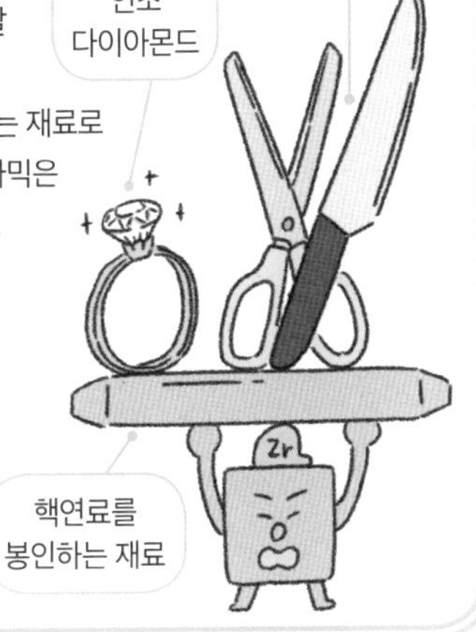

고속 자기 부상 열차에 도입

발견 : 1801년

41 Niobium

Nb

나이오븀

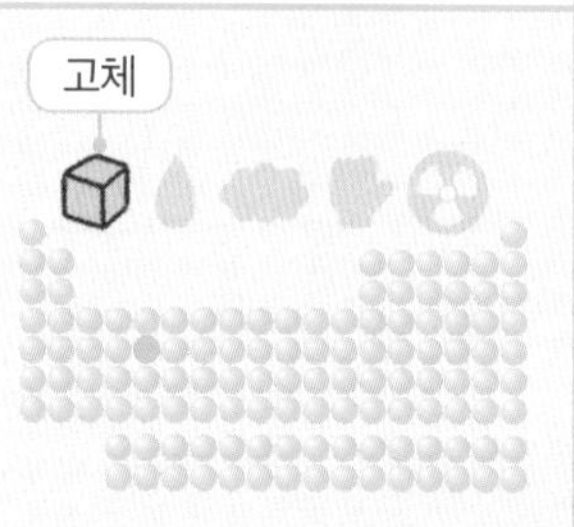

이름 : 그리스 신화 속 리디아 왕 탄탈로스의 딸 니오베(Niobe)에서 유래

나이오븀은 약 -264℃까지 온도가 낮아지면 초전도 상태가 된다. 이 성질을 이용하여 고속 자기 부상 열차와 MRI 전자석 코일의 재료로 활용되고 있다.

초저온에서 초전도 상태가 된다.

내열성만큼은 자신 있지!

발견 : 1778년

42 Molybdenum

Mo

몰리브데넘

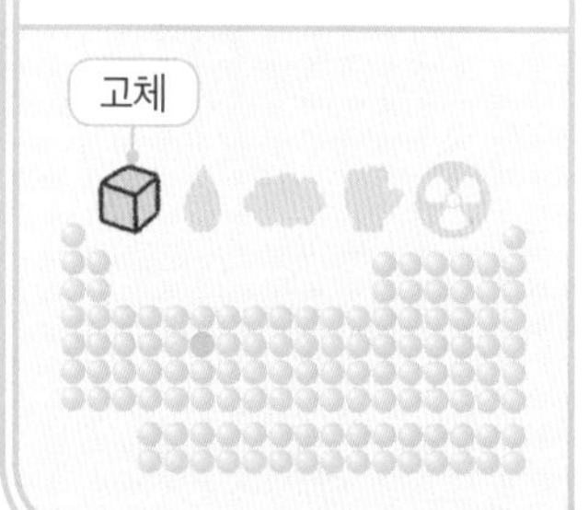

이름 : '납'을 의미하는 그리스어 몰리브도스(molybdos)에서 유래

단단하며 녹는점이 매우 높은 금속이다. 철(26)과의 합금인 몰리브데넘강은 열과 충격에 강하다. 몰리브데넘은 인체의 필수 원소 중 하나이며, 1일 필요량은 미량으로 보통 식사로도 충분히 섭취할 수 있다.

몰리브데넘강은 내열성이 좋다.

최초의 인공 원소

발견 : 1937년

43 Technetium

Tc

테크네튬

이름 : '인공'을 의미하는 그리스어 테크네토스(technetos)에서 유래

시간이 지나면 붕괴하므로(방사성 원소) 천연으로 존재하지 않는다. 그렇다면 만들어 보자는 뜻에서 인류가 최초로 인공적으로 합성해 낸 원소다. 이 원소가 방출하는 방사선은 암 진단 등에 쓰인다.

핵의학 진단 시약

방사선을 방출하면서 붕괴한다.

컴퓨터 안에서 활약 중!

발견 : 1844년

44 Ruthenium

Ru

루테늄

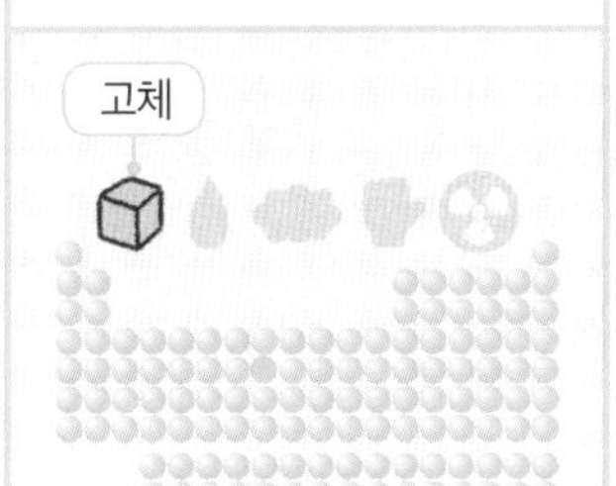

이름 : 발견한 과학자의 조국 러시아의 옛 이름 루테니아(Ruthenia)에서 유래

단단하고 부식에 강하며 백금(78)과 유사한 성질을 갖고 있다. 공업적으로는 하드 디스크 재료로 활용된다.
2001년 노벨 화학상을 수상한 노요리 료지 박사의 연구에 루테늄 화합물이 사용되었다.

만년필의 팁

컴퓨터의 하드 디스크 기록막

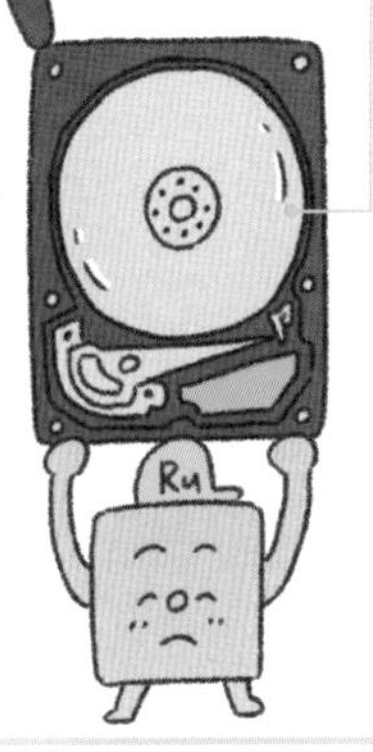

단단하고 부식에 강하다.

반짝반짝 윤이 나!

발견 : 1803년

45 Rhodium

Rh

로듐

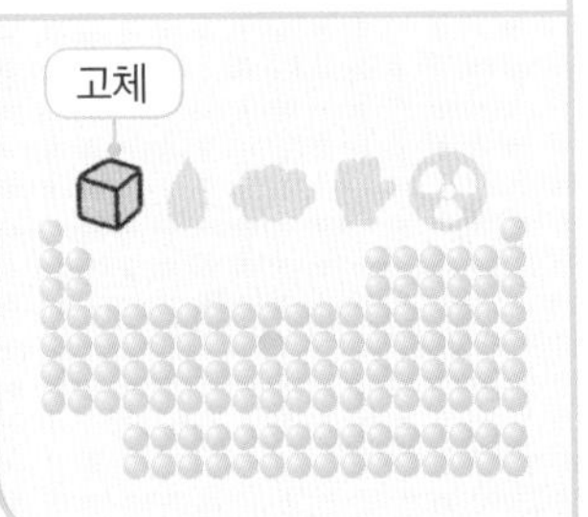

이름 : '장미'를 의미하는 그리스어 로돈(rhodon)에서 유래

단단하고 반사율이 높아 광택이 나며 부식과 마찰에 강하기 때문에 장식품 등의 도금에 많이 쓰인다. 자동차 배기가스를 정화·분해하는 촉매*로도 활용된다.

반짝이며 아름다운 광택을 낸다.

안경테의 도금

액세서리의 도금

자동차 배기가스의 정화 장치

수소를 900배까지 흡수

발견 : 1803년

46 Palladium

Pd

팔라듐

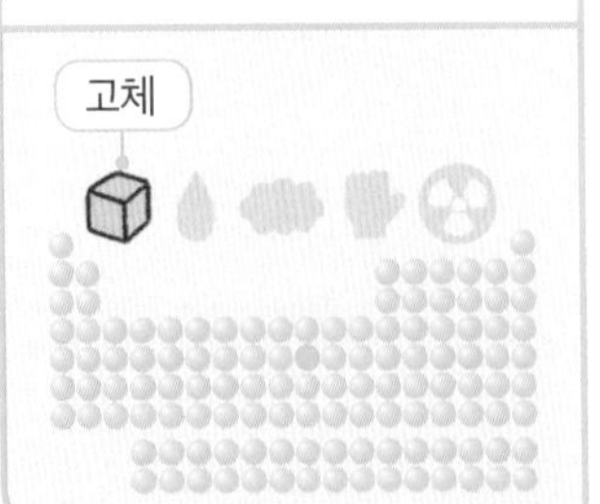

이름 : 1802년 발견된 소행성 팔라스(Pallas)에서 유래

광택이 있고 부식에 강하다. 수소를 흡수하는 성질이 있는데, 팔라듐 부피의 900배에 이르는 양을 흡수한다. 미래에 다가올 수소 세상에서의 활약이 기대된다. 로듐(45)과 마찬가지로 배기가스를 정화하는 능력이 있다.

자기 부피의 900배에 이르는 양의 수소를 흡수한다.

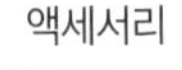

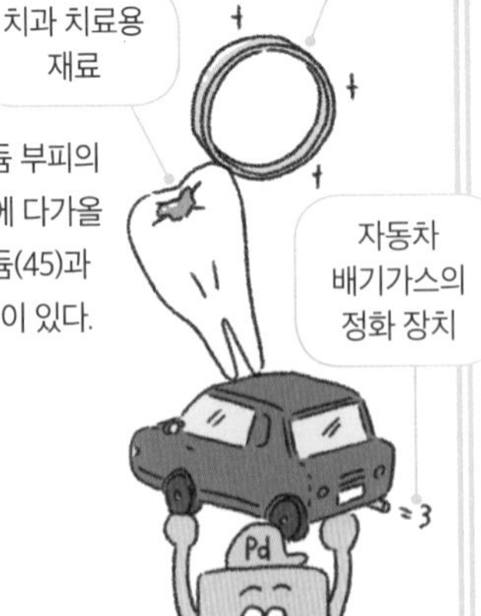

전기 전도성은 1등

47 Silver

은

고체

발견 : 미상

이름 : '은'을 의미하는
앵글로색슨어 설포르(seolfor)에서 유래

머나먼 고대로부터 알려진 원소로 광택 때문에 주화나 식기, 장신구에 사용되어 왔다. 은은 금속 중에서 전기를 가장 잘 전하여 전자 회로의 재료로 활용된다. 빛을 잘 반사하는 성질이 있어서 거울로 사용되고 (유리에 은을 도금한다), 또 살균 작용을 하여 땀 억제 스프레이 등에 배합되기도 한다. 브로민(35)과의 화합물인 브로민화 은은 예전에 카메라용 필름으로 널리 사용되었다.

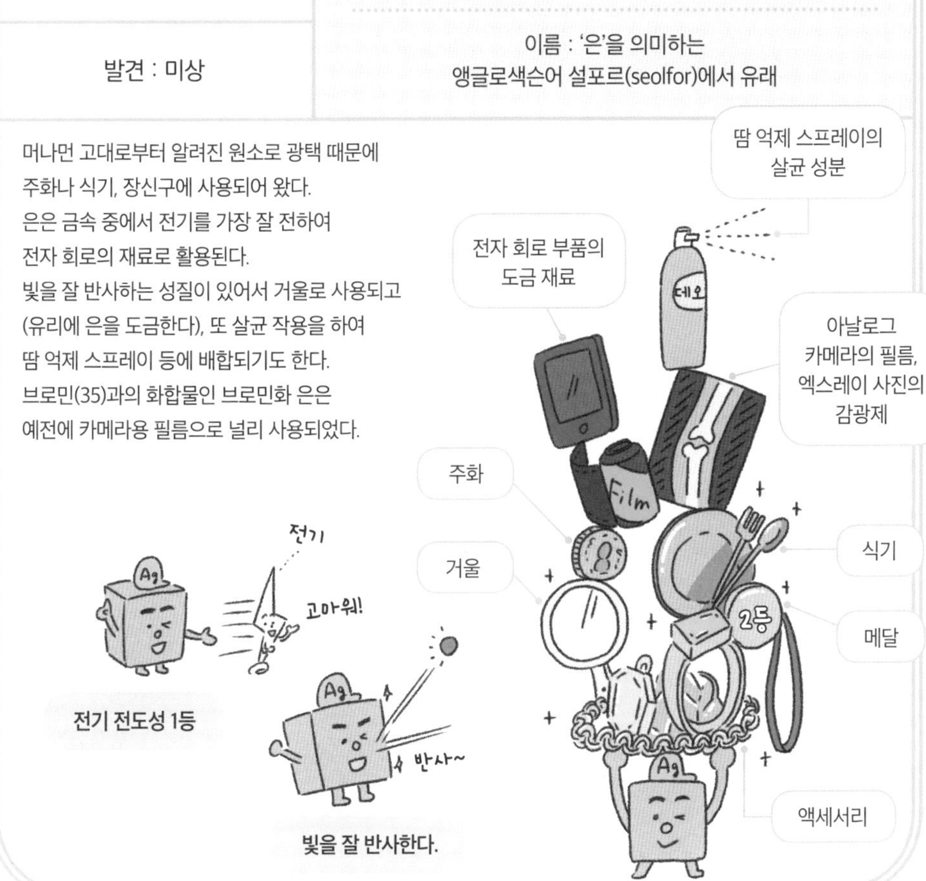

공해병 이타이이타이병의 원인!

발견 : 1817년

48 Cadmium

Cd

카드뮴

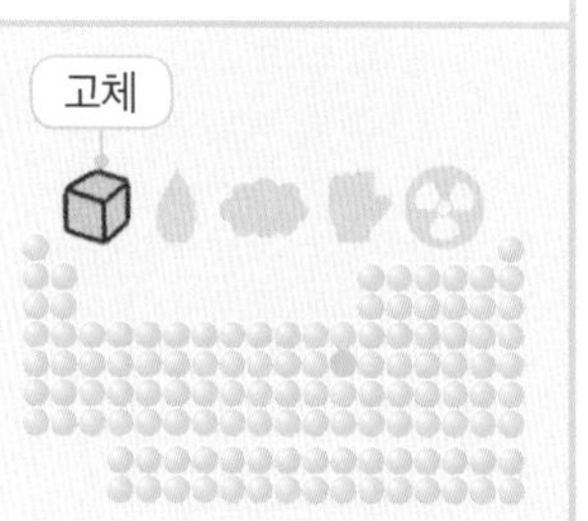

이름 : 그리스 신화 속 왕자 카드모스(Kadmos)에서, 또는 칼라민 광석의 라틴어 카드미아(cadmia)에서 유래

무른 금속이며 부식 방지 효과가 높아 도금용으로 사용되며, 니켈카드뮴 전지의 전극으로도 활용된다. 카드뮴은 인체에 유독하여 일본 도야마현 진즈강 유역에서 발생한 공해병 이타이이타이병의 원인 물질이기도 하다.

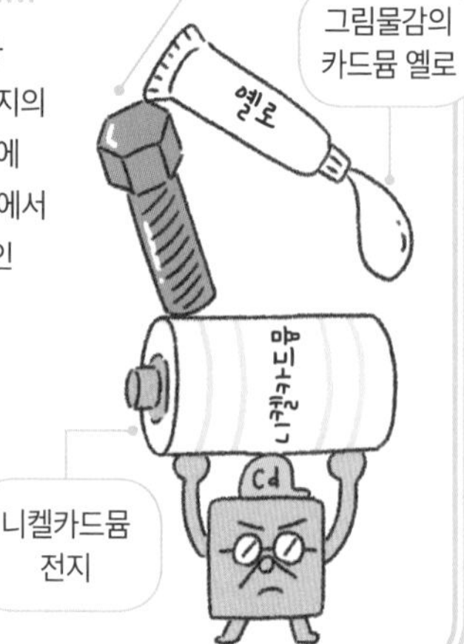

독성이 있다.

의외로 자주 접하는 원소

발견 : 1863년

49 Indium

In

인듐

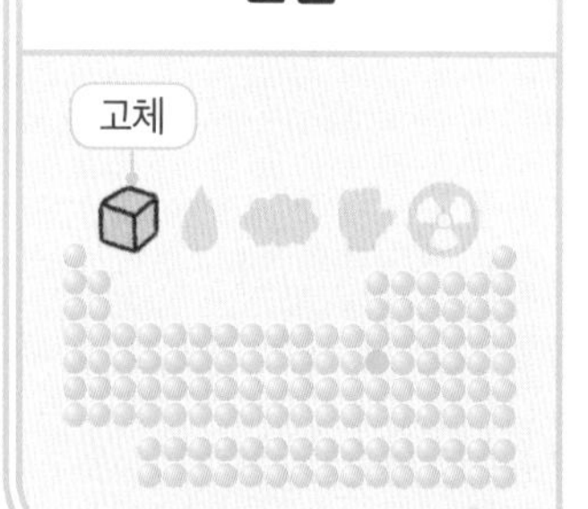

이름 : 스펙트럼의 색인 청색을 의미하는 라틴어 인디쿰(indicum)에서 유래

무른 금속으로 독성이 있다. 인듐과 주석(50), 산소(8)의 화합물인 인듐 주석 산화물은 유리처럼 투명한 동시에, 금속처럼 전기를 전하는 성질이 있어 텔레비전 등의 LCD 재료로 매우 적합하다.

인듐 주석 산화물은 투명하며 전기를 전한다.

지금은 존재감이 별로 없는 원소

발견 : 미상

50 Tin

Sn

주석

이름 : 납과 은의 합금을 의미하는 라틴어 스탄눔(stannum)에서 유래

독성이 적고 부식이 잘 안 되며 비교적 낮은 온도에서 녹는 금속이다. 구리(29)와의 합금인 청동은 예로부터 널리 사용되어 왔다. 철(26)에 주석을 도금한 것이 양철이다. 납(82)과 주석의 합금은 전자 회로 부품의 용접에 활용되는 땜납이다.

철 도금으로 활약한다.

화재를 막아라

발견 : 미상

51 Antimony

Sb

안티모니

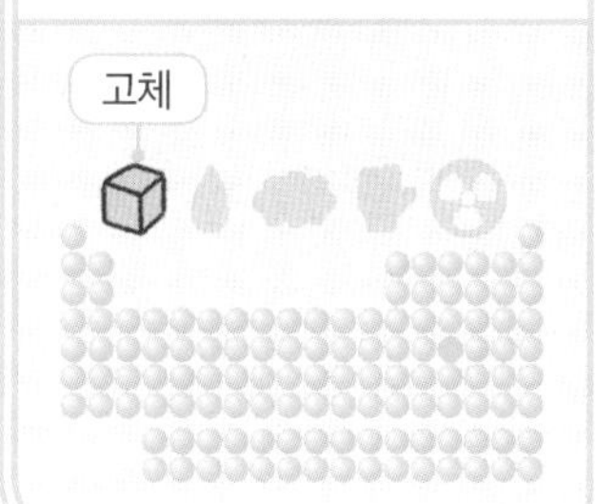

이름 : '홀로 존재하지 않는다'는 뜻의 그리스어 안티모노스(antimonos)에서 유래

머나먼 옛날부터 잘 알려진 원소다. 광택이 있고 무르며 독성이 강하다. 현재는 금지되었지만 고대에는 아이섀도의 원료로 쓰였다. 산소(8) 화합물 삼산화 안티모니는 섬유와 플라스틱 등을 난연성으로 만드는 효과가 있다.

삼산화 안티모니는 물질을 난연성으로 만든다.

마늘 냄새가 난다고?

발견 : 1782년

52 Tellurium

Te

텔루륨

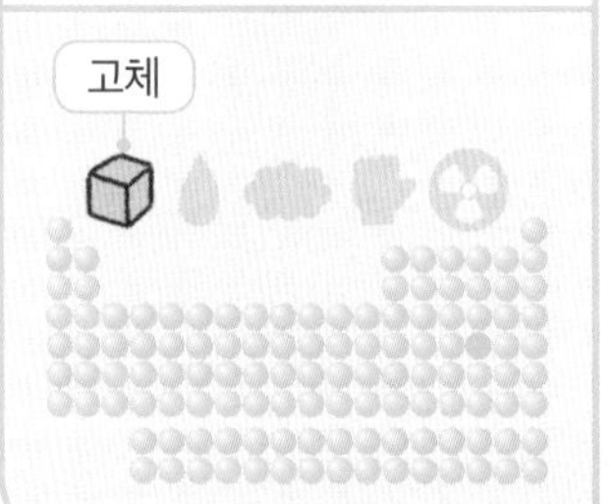

이름 : '지구'를 의미하는 라틴어 텔루스(tellus)에서 유래

이 원소의 이름을 지은 화학자 클라프로트는 이미 우라늄(92)을 발견한 상태였다. 그래서 우라늄처럼 이 원소의 이름도 행성에서 따 왔다.* 텔루륨은 독성이 있으며 인체에 들어가면 강한 마늘 냄새를 풍긴다. 텔루륨, 저마늄(32), 안티모니(51)의 합금은 DVD 재료로 사용된다.

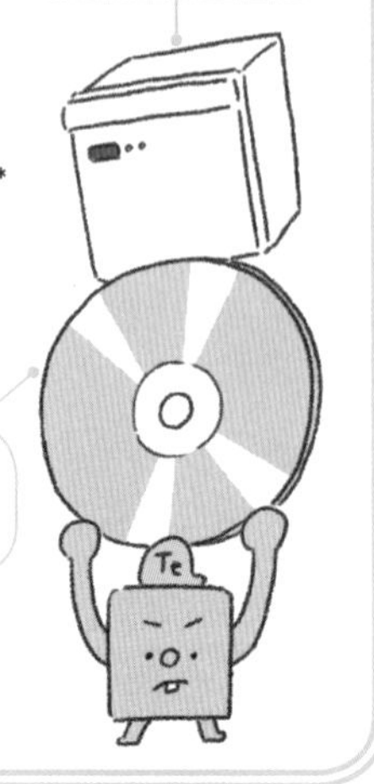

독성이 있다.

* 텔루륨으로 명명한 것은 1798년이다.

칠레에서 가장 많이 생산

발견 : 1811년

53 Iodine

I

아이오딘

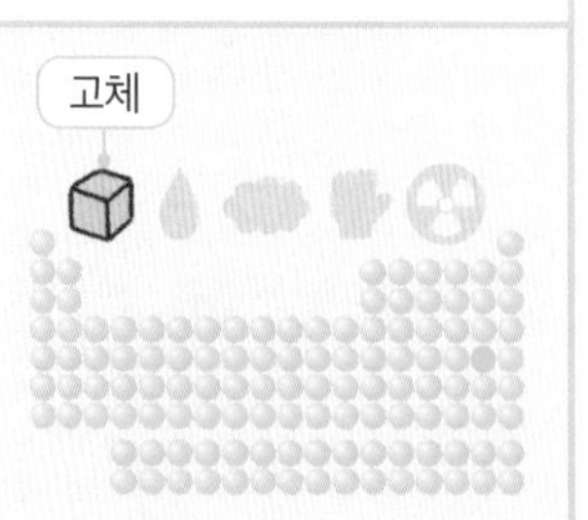

이름 : '보라색의'를 의미하는 그리스어 이오에이데스(ioeides)에서 유래

아이오딘은 검은색 광택을 내는 고체로 살균력이 있어서 가글액이나 소독약에 들어간다.
인체의 필수 원소 중 하나다.
산출량 세계 1위는 칠레이고, 2위는 일본이다.

야 —— !!

다시마에 많이 들어 있다.

가글용 소독약

가글액

살균력이 있다.

무인 소행성 탐사선의 동력원

발견 : 1898년

54 Xenon

Xe

제논

이름 : '낯선'이라는 의미의 그리스어 크세노스(xenos)에서 유래

네온(10) 등과 마찬가지로 비활성 기체며, 다른 물질과 거의 반응하지 않는다. 전압을 가하면 빛이 나는 성질을 이용해 자동차 헤드라이트 등에 활용된다. 우주선 엔진에 추진력을 제공하는 소재로 사용된다.

잘 반응하지 않는다.

방전하면 푸르스름한 빛을 발한다.

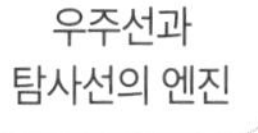

정확한 시간을 알려 준다

발견 : 1860년

55 Caesium

Cs

세슘

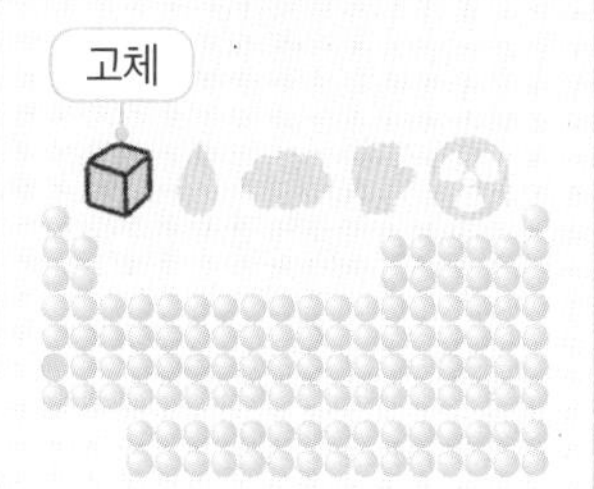

이름 : '푸른 하늘색'이라는 뜻의 라틴어 카이시우스(caesius)에서 유래

나트륨(11) 등과 함께 알칼리 금속에 속한다. 녹는점이 약 28℃여서 체온에 녹는다. 원자시계 중에 세슘을 이용하는 시계가 있는데 오차는 2천만 년에 1초로 그 정확성 때문에 1초 단위의 기준으로 사용된다.

시간의 기준을 제시한다.

세슘 원자시계

위장 검사에 이용

발견 : 1808년

56 Barium

Ba

바륨

이름 : '무거운'이라는 의미를 가진 그리스어 바리스(barys)에서 유래

공기 중에서 산화되기 쉬우며 독성이 있는 금속이다. 위장 검사 시 사용되는 황산 바륨(엑스레이를 통과시키지 않으므로 위장의 모습을 찍을 수 있다)은 인체에 영향을 끼치지 않는다. 바륨 화합물을 불꽃에 넣으면 녹색을 띠므로 불꽃놀이에 쓰인다.

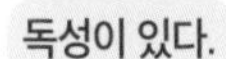
독성이 있다.

불꽃 속에서 녹색을 띤다.

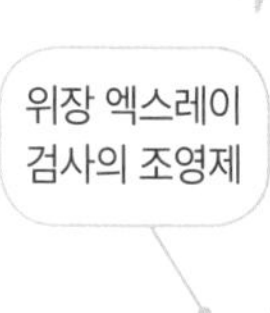

란타넘족의 선두 주자

발견 : 1839년

57 Lanthanum

La

란타넘

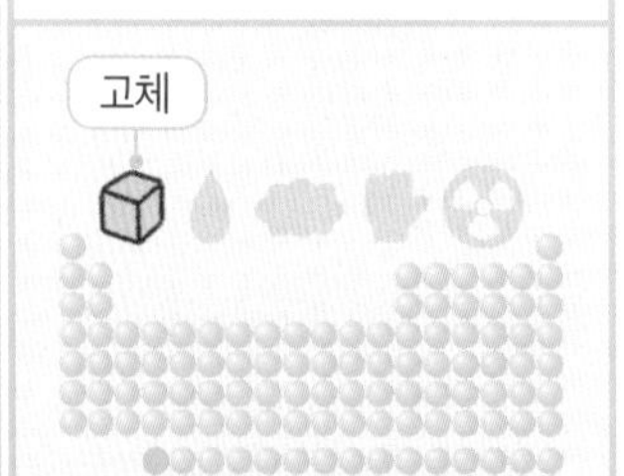

이름 : '감추어져 있다'는 뜻의 그리스어 란타네인(lanthanein)에서 유래

비슷한 성질을 가진 15개의 원소 그룹 란타넘족의 선두 주자. 란타넘을 섞으면 굴절률이 높은 유리를 만들 수 있다. 니켈(28)과의 합금은 수소를 흡수하므로 니켈 수소 전지의 재료로 활약하고 있다.

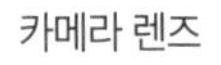

수소를 흡수한다.

자외선을 차단!

발견 : 1803년

58 Cerium

Ce

세륨

이름 : 1801년에 발견된 소행성 세레스(Ceres)에서 유래

란타넘족 중 지각에 가장 많이 있는 원소. 산소(8)와의 화합물인 산화 세륨은 자외선을 흡수하는 성질이 있어 자동차 창문 등에 쓰인다. 배기가스를 정화하는 능력도 있다.

산화 세륨은 자외선을 흡수한다.

활약 무대는 적은 편이다

발견 : 1885년

59 Praseodymium

Pr

프라세오디뮴

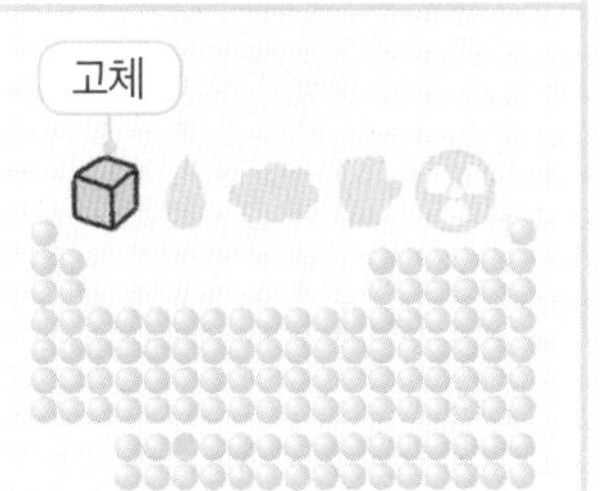

이름 : '녹색'과 '쌍둥이'를 뜻하는 그리스어 프라시노스(prasinos)와 디디모스(didymos)를 합성

프라세오디뮴은 다음 원소인 네오디뮴(60)과 같은 물질에서 발견되었으며, 이름의 유래는 이와 관련이 있다. 프라세오디뮴이 들어간 유리는 푸른빛을 잘 흡수하므로 용접용 보안경에 사용된다.

프라세오디뮴과 네오디뮴은 같은 물질에서 발견되었다.

최강 자석!

발견 : 1885년

60 Neodymium

Nd

네오디뮴

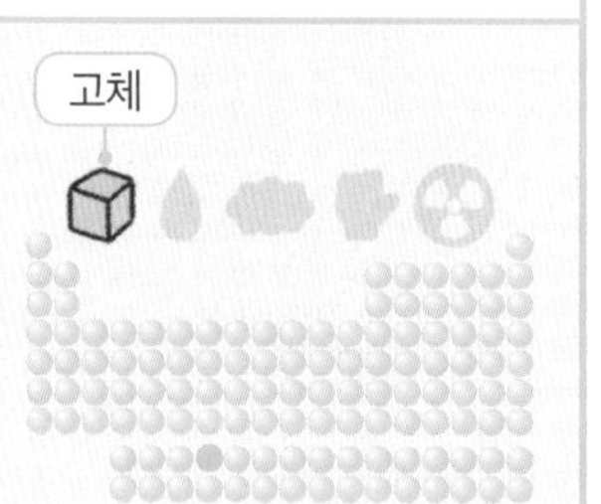

이름 : '새로운'과 '쌍둥이'를 뜻하는 그리스어 네오스(neos)와 디디모스(didymos)를 합성

네오디뮴, 철(26), 붕소(5)로 만들어진 네오디뮴 자석은 시판되는 자석 가운데 가장 강력한 영구 자석이다. 이 자석은 1982년 개발되었고, 자동차 모터 등 다양한 분야에 널리 사용되고 있다.

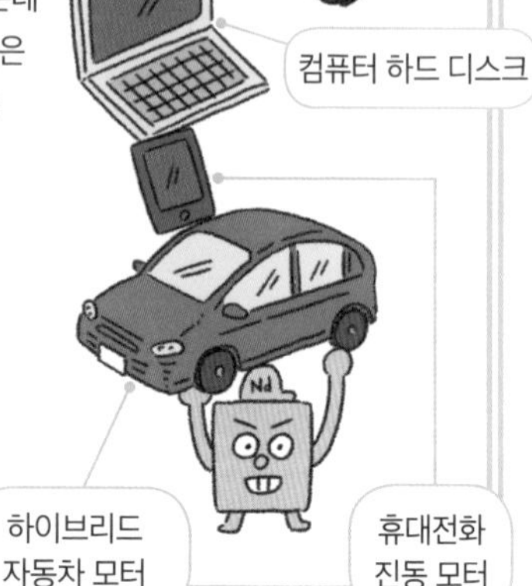

네오디뮴 자석은 자력이 매우 강하다.

금방 붕괴해 버려…

발견 : 1947년

61 Promethium

Pm

프로메튬

이름 : 그리스 신화의 '불의 신' 프로메테우스(Prometheus)에서 유래

천연으로는 거의 존재하지 않아 인공적으로 만들어진다. 테크네튬(43)과 마찬가지로 안정적으로 존재하지 못하고 붕괴할 때 방사선을 방출한다(방사성 원소). 예전에는 야광 도료로 쓰였으나 지금은 안전상의 이유로 사용되지 않는다.

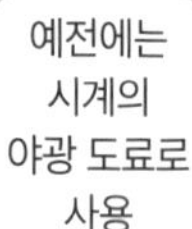

방사선을 방출하면서 붕괴한다.

얼마 전까지 최강 자석이었다고!

발견 : 1879년

62 Samarium

Sm

사마륨

이름 : 발견자 사마스키(Samarsky)의 이름을 딴 광석 사마스카이트에서 유래

사마륨은 주로 자석의 재료로 사용된다. 사마륨과 코발트(27)로 만든 자석은 네오디뮴 자석이 개발되기 전까지 세계 최강 자석이었다. 사마륨 코발트 자석은 고온에서도 자력이 유지되고 부식이 잘되지 않아 지금도 널리 쓰인다.

예전에는 사마륨 코발트 자석이 세계 최강이었다.

어둠 속에서도 빛나!

발견 : 1896년

63 Europium

Eu

유로퓸

이름 : 발견된 지역인 유럽 대륙의 이름에서 유래

유로퓸은 주로 발광 재료로 쓰인다. 비상구 표지판 등에 쓰이는 야광 도료는 안에 들어 있는 디스프로슘(66)이 밝을 때 빛 에너지를 저장하고 유로퓸이 이를 받아 빛을 발하는 원리로 발광한다. 그 밖에 엽서용 특수 잉크로도 활용된다.

디스프로슘이 저장한 빛 에너지로 빛을 발한다.

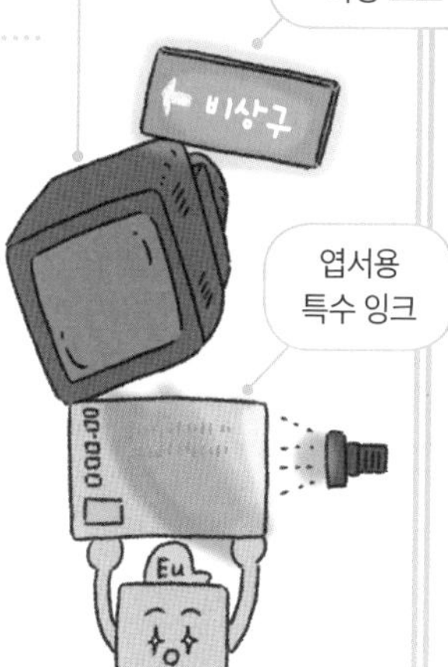

자성이 있는 원소

발견 : 1880년

64 Gadolinium

Gd

가돌리늄

고체

이름 : 희토류 원소의 화학을 개척한 핀란드 화학자 요한 가돌린(J. Gadolin)의 이름에서 유래

상온에서 강자성체인 귀한 금속이다. 이 성질 때문에 의료용 MRI 검사 시 체내에 투여하는 조영제로 사용된다. 중성자를 흡수하는 특수한 성질이 있다.

1990년대에 사용된 기록 매체인 광자기 디스크의 재료

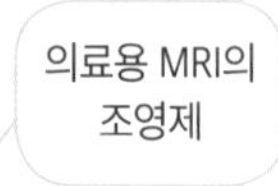

자성이 있다.

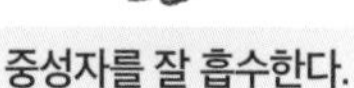

자기장에서 변형하는 원소

발견 : 1843년

65 Terbium

Tb

터븀

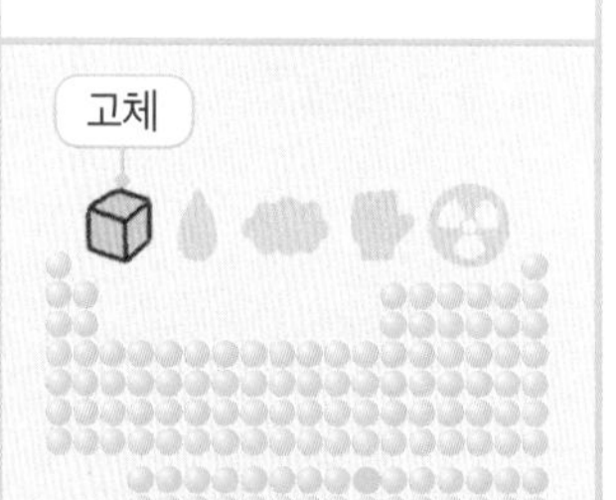

이름 : 발견된 스웨덴의 마을 이테르비(Ytterby)에서 유래

이테르비 사형제 중 하나(149쪽 참고). 자력을 가하면 형태가 바뀌는 신기한 성질이 있다. 철(26), 디스프로슘(66)과 합금이 되면 이 성질이 더욱 강해진다.

브라운관 텔레비전의 발광체

자력으로 모양이 변한다.

비상구 표지판으로!

발견 : 1886년

66 Dysprosium

Dy

디스프로슘

이름 : '얻기 어려운'이라는 뜻의 그리스어 디스프로시토스(dysprositos)에서 유래

발견 당시 순수한 형태로 채취하기 어려웠던 것이 원소명의 유래가 되었다. 빛 에너지를 비축하는 성질이 있어 야광 도료의 축광 성분으로 사용된다. 네오디뮴 자석에 배합하면 사용 가능 온도가 높아지는 성질이 있다.

빛 에너지를 비축할 수 있다.

네오디뮴 자석의 내열성을 높인다.

몸에 부담이 적은 레이저 메스

발견 : 1879년

67 Holmium

Ho

홀뮴

이름 : 발견된 스톡홀름의 옛 이름 홀미아(Holmia)에서 유래

다소 무른 은백색 금속이지만, 공기 중에서는 표면이 산소와 반응하여 탁한 노란색이 된다. 의료용 레이저 메스 가운데 홀뮴이 첨가된 종류가 있다. 이 메스는 열이 적게 발생하여 환부의 절개와 지혈이 동시에 가능하므로 인체에 가해지는 부담이 적다.

인체에 부담이 적은 레이저 메스로 활용된다.

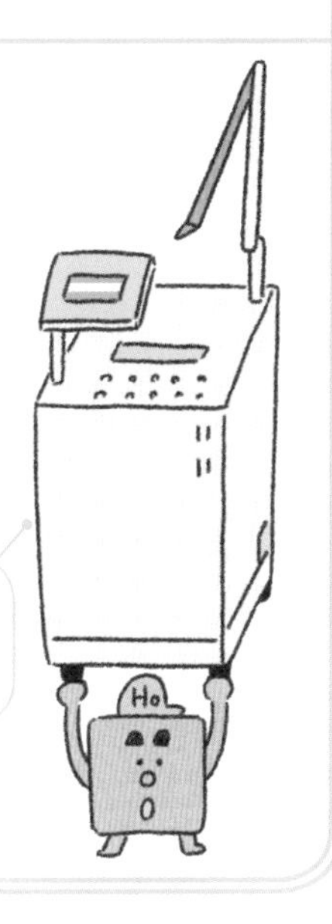

광섬유 속에서 활약!

발견 : 1843년

68 Erbium

Er

어븀

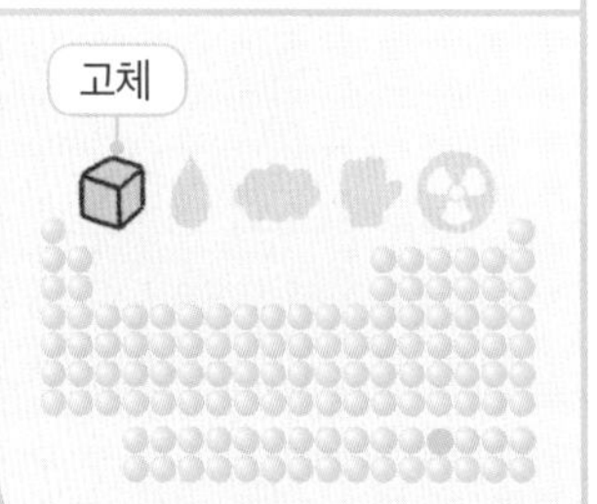

이름 : 발견된 스웨덴의 마을 이테르비(Ytterby)에서 유래

이테르비 사형제 중 하나(149쪽 참고). 정보통신에서 빠질 수 없는 존재인 광섬유는 장거리 통신에서 빛이 약해지는 현상이 있다. 그러나 어븀을 첨가한 광섬유는 약해진 빛을 다시 강하게 만드는 성질이 있다.

약해진 빛이 다시 강해진다.

방사선의 존재를 알려 준다

발견 : 1879년

69 Thulium

Tm

툴륨

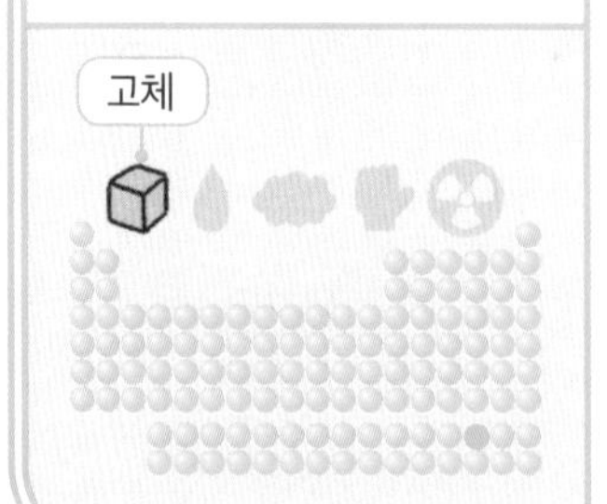

이름 : 발견자의 조국 스웨덴이 속한 스칸디나비아와 관련된 고대 그리스 지명인 툴레(Thule)에서 유래

툴륨은 방사선을 흡수한 뒤 열이 가해지면 발광하는 성질이 있다. 이를 이용하여 방사선의 선량계*로 활용된다. 홀뮴(67)과 마찬가지로 의료용 레이저의 광섬유에 포함된다.

방사선을 흡수한 뒤 열이 가해지면 발광한다.

무엇이든 잘라 드립니다!

발견 : 1878년

70 Ytterbium

Yb

이터븀

이름 : 발견된 스웨덴의 마을
이터르비(Ytterby)에서 유래

이테르비 사형제 중 하나(149쪽 참고).
이 원소가 들어간 레이저는 철(26) 등을 쉽게
절단하고 구멍을 뚫을 수 있다.
이터븀은 3천억 년에 1초의 오차라는
초고정밀도 광격자 시계의 연구 개발에
재료로 쓰인다.

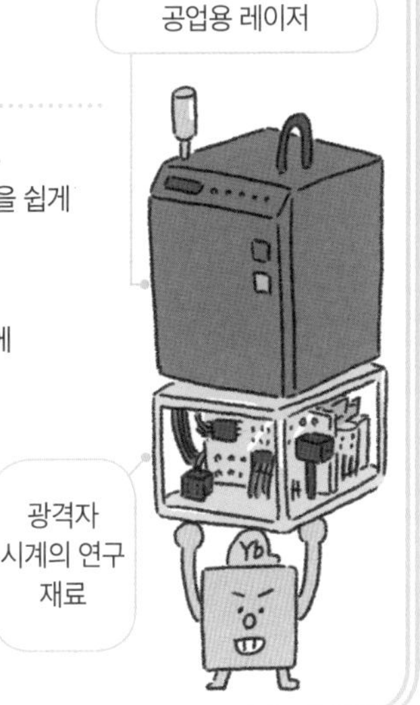

**철 등을 쉽게 절단하는
레이저가 된다.**

엄청나게 비쌌었지

발견 : 1907년

71 Lutetium

Lu

루테튬

이름 : 발견자 중 한 사람인 위르뱅의 조국 프랑스
파리의 옛 이름 루테시아(Lutecia)에서 유래

지각 속 존재량은 금(79)이나 은(47)보다
많지만 채취해 내기가 어려워 몹시 비싸
공업에 제한적으로 쓰였으나,
현재는 그렇지 않다. 의료 분야에서는
핵의학 검사 장치 등에 사용된다.

핵의학 검사 장치의
방사선 검출기

암석 등의
연대 측정
(루테튬·하프늄법)

한때 금, 은보다 비쌌었다.

핵분열을 제어하라

발견 : 1923년

72 Hafnium

Hf

하프늄

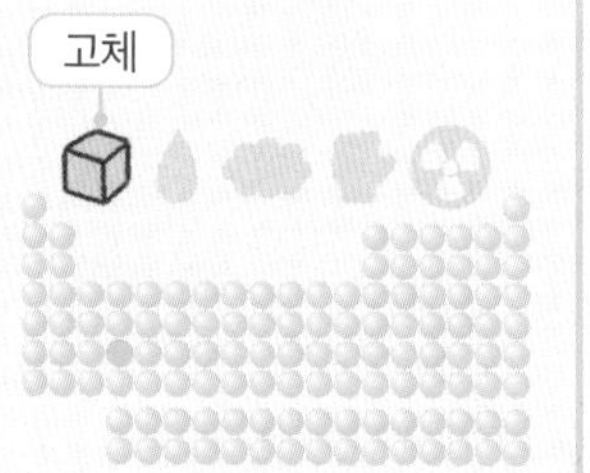

이름 : 덴마크 코펜하겐의 라틴어 이름 하프니아(Hafnia)에서 유래

주기율표에서 하나 위에 있는 지르코늄(40)과 화학적 성질이 매우 유사하다. 그러나 중성자를 흡수하지 않는 지르코늄과 반대로 중성자를 잘 흡수한다. 그래서 원자력 발전에 사용되는 장치인 제어봉*의 재료로 쓰인다.

제어봉

제트 엔진의 터빈

중성자

Hf

흐

읍

중성자를 잘 흡수한다.

인체와 가전에서 활약 중

발견 : 1802년

73 Tantalum

Ta

탄탈럼

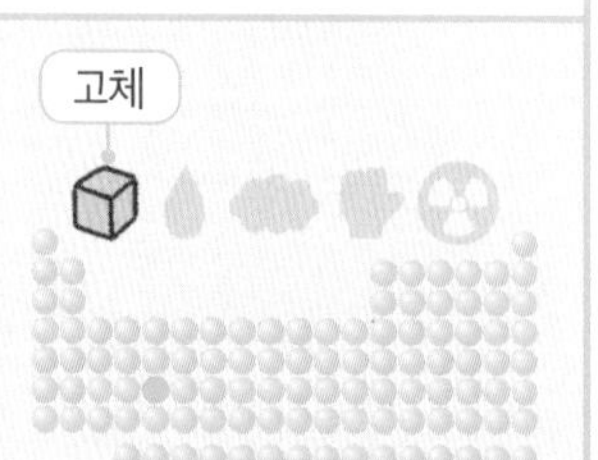

이름 : 물을 마시지 못하는 형벌을 받은 그리스 신화 속 리디아 왕 탄탈로스(Tantalos)에서 유래

상당히 견고하지만 가공하기 쉬운 금속이다. 인체와 반응하지 않고 거의 무해하므로 인공 관절이나 치과 재료로 사용된다. 탄탈럼을 사용한 콘덴서*는 소형이면서 용량이 커서 폭넓게 쓰인다.

인체와 궁합이 좋다.

내열성은 1등

발견 : 1781년

74 Tungsten

W

텅스텐

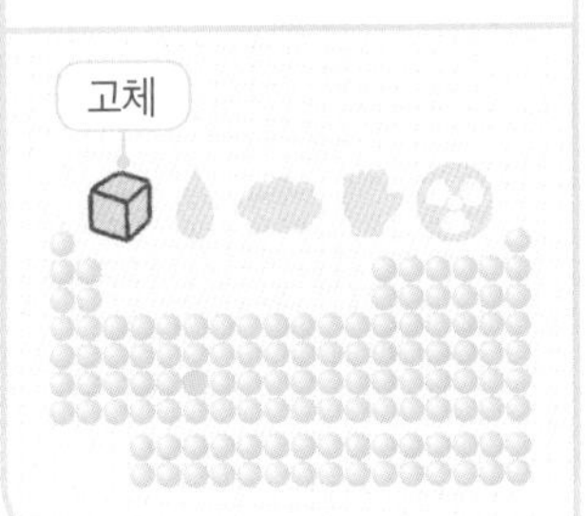

이름 : 발견된 광석을 '무거운 돌'이라는 뜻의 스웨덴어 퉁스텐(tungsten)이라 부른 데에서 유래

매우 단단하고 무거우며 금속 중에서 녹는점이 가장 높다. 즉 내열성이 가장 뛰어나다. 게다가 가늘게 가공할 수 있으므로 백열전구의 필라멘트 재료로 최적이다. 탄소(6)와의 화합물인 탄화 텅스텐은 매우 단단하다.

단단하기로는 넘버원

발견 : 1925년

75 Rhenium

Re

레늄

이름 : 독일 과학자들이 발견하여 라인강의 라틴어 이름 르헤누스(Rhenus)에서 유래

금속 가운데 가장 단단하며 녹는점이 높은 점 등 장점이 많다. 다만 희귀하여 고가이므로 용도가 제한적이다. 과거에 원자 번호 43의 원소를 닛포늄으로 발표했다가 오류로 밝혀졌는데, 사실 이것은 레늄이었던 것으로 추측된다 (자세한 내용은 168쪽).

금속 중에서 가장 단단해!

박사님의 한마디

레늄과 닛포늄의 인연

사라졌다가 부활한 원소가 있다. 바로 닛포늄이다. 1908년 일본에서 영국으로 유학을 간 화학자 오가와 마사타카는 광물 분석을 연구했다. 그리고 새로운 원소를 발견했다는 논문을 발표하고, 그 원소를 아직 발견되지 않은 원자 번호 43번 원소로서 '닛포늄(원소 기호 Np)'이라 명명했다.

그러나 그 후 다른 연구자들이 실험을 통해 재현을 시도했으나 끝내 닛포늄은 확인되지 않았다. 그 결과 오가와의 연구 결과는 인정받지 못하고 닛포늄의 이름은 삭제되고 말았다.

훗날 원자 번호 43번 원소는 자연계에 존재하지 않는다는 것이 밝혀졌고 1937년 이탈리아 물리학자 세그레와 페리어가 인공적으로 합성하는 데 성공, '테크네튬'이라는 이름으로 주기율표에 게재되었다. 이는 인류가 최초로 합성해 낸 원소다.

이렇게 닛포늄은 환상 속의 원소가 되어 버렸는데, 1990년대 후반에 이르러서 흐름이 바뀌었다. 일본의 요시하라 겐지 교수가 오가와가 남긴 실험 결과와 자료를 재검토한 끝에 닛포늄은 원자 번호 75번 레늄(원소 기호 Re)과 동일하다는 사실이 밝혀진 것이다. 레늄은 주기율표에서 테크네튬보다 하나 아래에 있는 원소로 1925년 독일 화학자들에 의해 발견되었다. 오가와 박사가 닛포늄 발견을 발표한 것이 1908년이므로 오가와 박사가 먼저 원자 번호 75번의 원소를 발견한 셈이다. 즉 오가와 박사가 발견한 당시 과학기술이 좀 더 발달해 있어 원자 번호 75번 원소를 발견했다고 발표했었다면 레늄(Re)이 아닌 닛포늄(Np)으로 주기율표에 게재되었을지도 모를 일이다.

자극적인 냄새가 나는…

발견 : 1803년

76 Osmium

Os

오스뮴

이름 : '고약한 냄새'를 의미하는 그리스어 오스메(osme)에서 유래

약간 푸른빛을 띤 단단한 은색 금속이다. 산소(8)와의 화합물 사산화 오스뮴이 강렬한 냄새를 풍기므로 이것이 이름의 유래가 되었다. 오스뮴과 이리듐(77), 루테늄(44)의 합금은 매우 견고하며 산과 알칼리에도 강하다.

사산화 오스뮴은 냄새가 매우 고약하다.

부식에 강하기로는 넘버원

발견 : 1803년

77 Iridium

Ir

이리듐

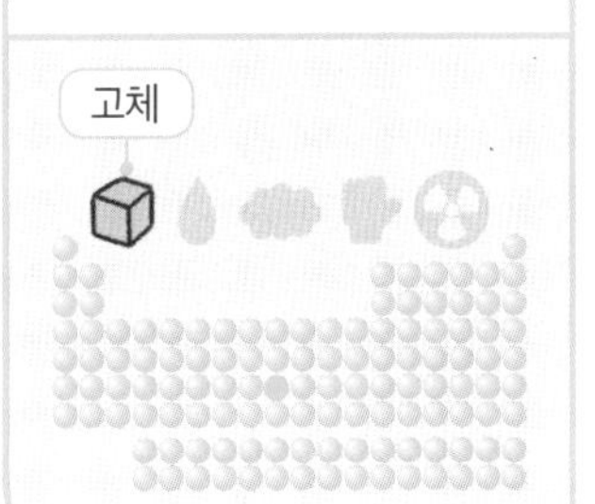

이름 : 그리스 신화 속 무지개 여신 이리스(Iris)에서 유래

지구상에 극미량 존재하는 원소 이리듐 홑원소 물질은 견고하며 모든 금속 중에서 부식에 가장 강하다. 금(79)이나 백금(78)까지 녹이는 왕수*에도 잘 녹지 않는다. 예전에 길이와 무게의 기준이었던 미터 원기와 킬로그램 원기는 백금과 이리듐의 합금으로 제작된 것이다.

팅!
왕수
쫘—악
끄떡없어!

견고하다.

부식에 강하다.

만년필의 팁

미터 원기와 킬로그램 원기

* 염산과 질산을 혼합해 만든 강한 산

반지 외에 공업과 의료에도 쓰인다

78

Platinum

Pt

백금

발견 : 미상

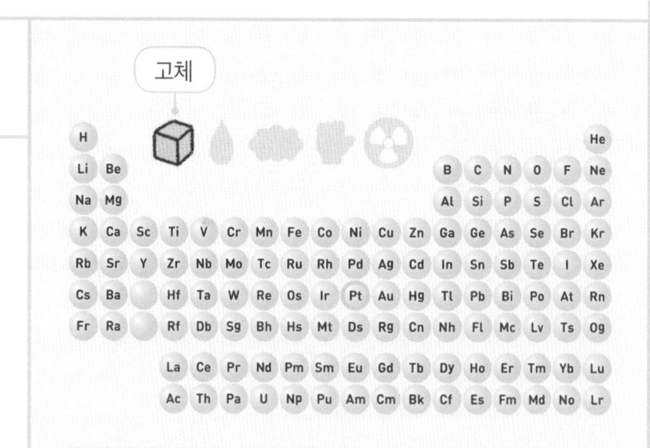

이름 : 백금의 영어 이름 플래티넘(platinum)은
'작은 은'이라는 뜻의 스페인어 플라티나(platina)에서 유래

아름다운 은백색으로 부식에 강하고
희소성이 있어서 액세서리로 인기가 많다.
화이트골드는 금(79)을 토대로 한 합금으로
백금과는 다른 물질이다.
백금은 촉매 능력이 있어서 공업에서 폭넓게 쓰일 뿐 아니라
의료 분야에서 항암제로 사용되는 등
여러 분야에서 활용된다.

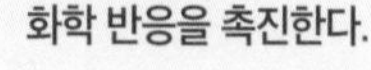

화학 반응을 촉진한다.

희소 가치가 있다.

영원히 빛난다

79 Gold

금

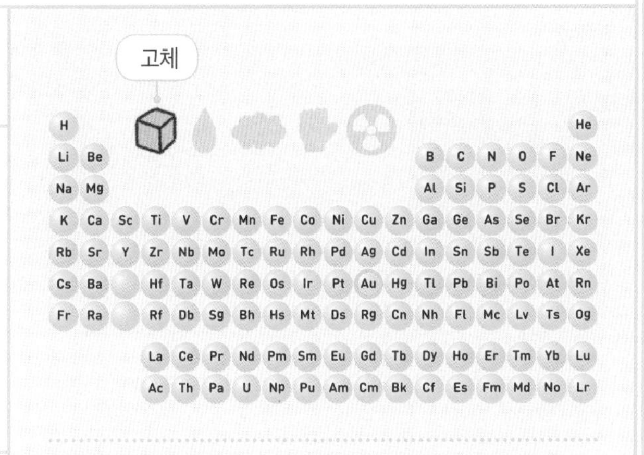

발견 : 미상

이름 : 영어 이름 골드는 '노란색'의 앵글로색슨어 geolo에서,
원소 기호는 '빛나는 새벽'의 라틴어 아우룸(aurum)에서 유래

머나먼 옛날부터 인류에게 알려진 원소다.
화학 반응이 좀처럼 일어나지 않고 부식에 강하며
특유의 황금빛을 오래 유지한다. 지각 속 존재량이 적고
희소하여 세계적으로 주화와 장신구 등에 쓰여 왔다.
금은 가공하기 매우 쉽고 전기를 잘 전하므로
전자 부품 도금 재료로 사용하기에 적합하다.

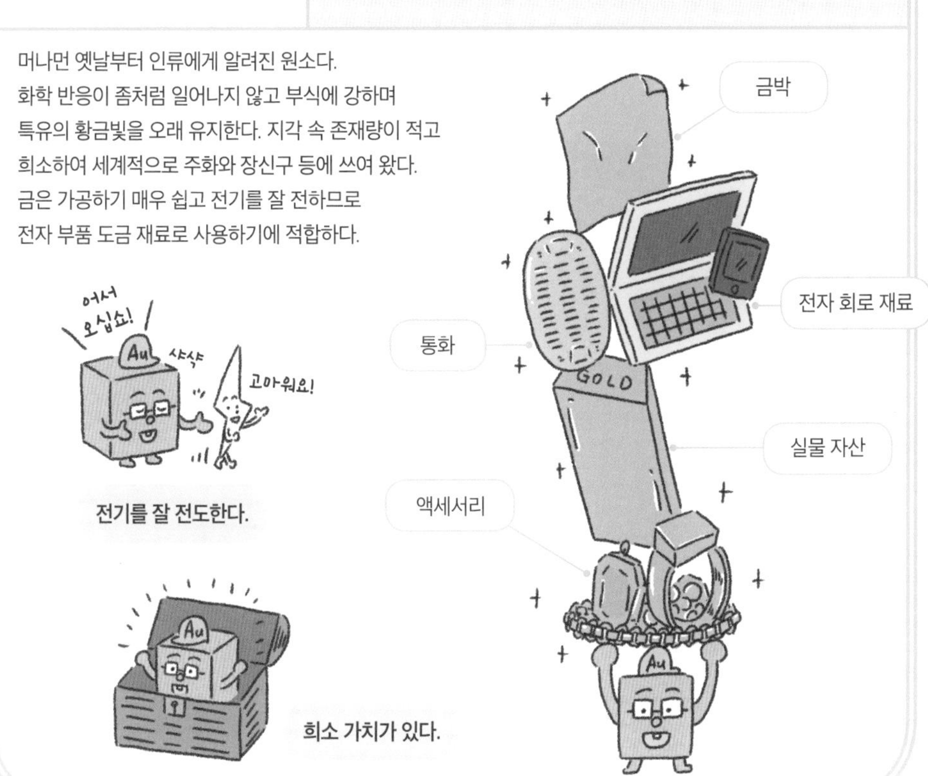

한때 잘 나갔지만…

발견 : 미상

80 Mercury

Hg

수은

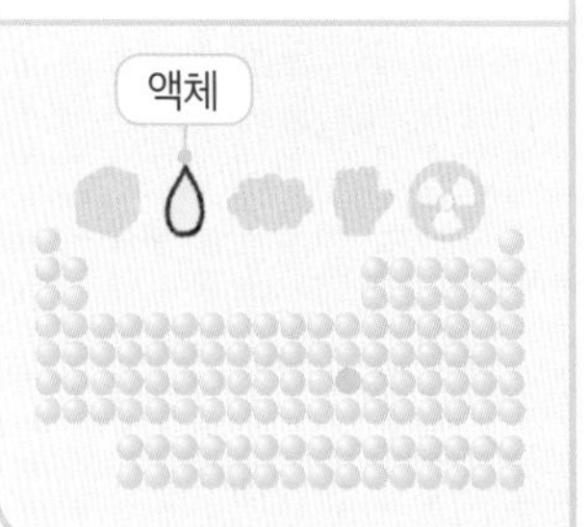

이름 : '액체 은'을 뜻하는 라틴어 히드라기룸(hydragyrum)에서 유래

머나먼 옛날부터 알려진 원소다. 바닥에 흘리면 동글게 뭉친다. 화학적으로 장점이 많아 체온계, 도금용 재료로 사용되다, 미나마타병(일본 구마모토현에서 1950년대 발생한 수은에 의한 공해병)으로 독성이 밝혀지면서 지금은 사용이 줄어들었다.

소독약의 살균 성분

참치에 많이 들어 있다.

예전에 충치 치료 재료로 사용

예전에 체온계에 이용

형광등 봉입 가스

증기에 독성이 있다.

떼굴 떼굴

동글게 뭉친다.

옛날에는 쥐약으로 쓰였다

발견 : 1861년

81 Thallium

Tl

탈륨

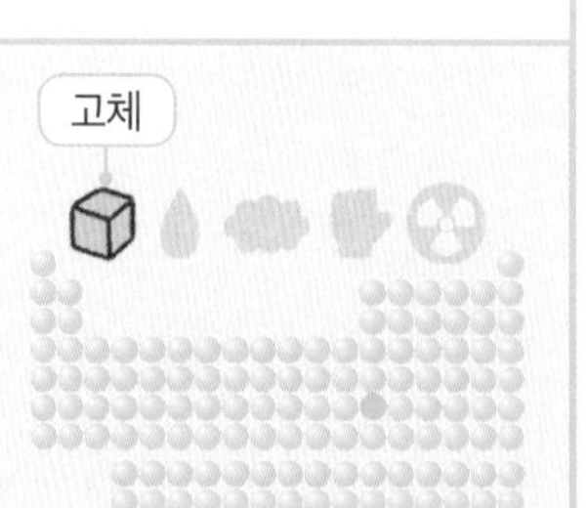

이름 : '초록색 작은 가지'를 뜻하는 그리스어 탈로스(thallos)에서 유래

무른 금속으로 독성이 강하다. 예전에 쥐를 잡는 쥐약으로 쓰였으나 인체에 유해하므로 현재는 사용되지 않는다. 방사성 탈륨은 심장 검사약으로 쓰인다(소량은 인체에 안전).

예전에 쥐약으로 사용

쥐약

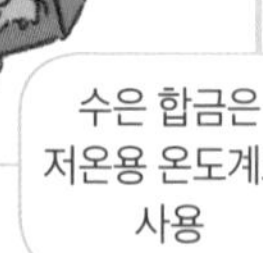

심근의 혈액 검사약

쓱

무르다.

강한 독성

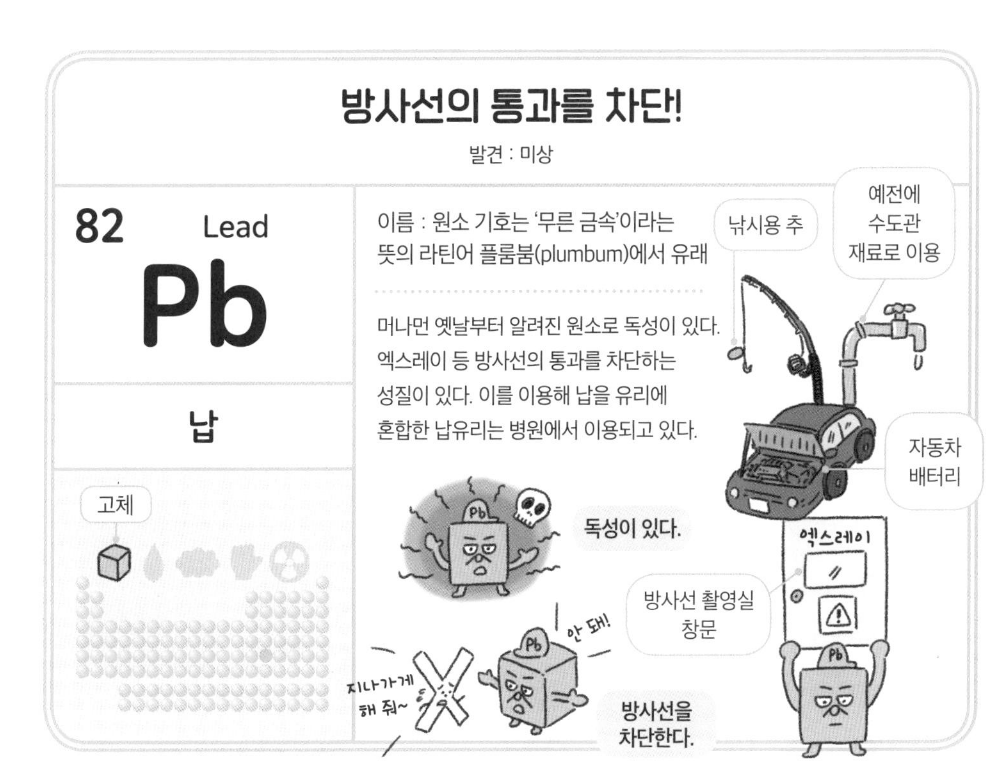

방사선의 통과를 차단!

발견 : 미상

82 Lead

Pb

납

이름 : 원소 기호는 '무른 금속'이라는 뜻의 라틴어 플룸붐(plumbum)에서 유래

머나먼 옛날부터 알려진 원소로 독성이 있다. 엑스레이 등 방사선의 통과를 차단하는 성질이 있다. 이를 이용해 납을 유리에 혼합한 납유리는 병원에서 이용되고 있다.

영롱한 무지갯빛이 아름다워

발견 : 미상

83 Bismuth

Bi

비스무트

이름 : '녹는다'는 의미의 라틴어 비세무툼(bisemutum)에서 유래(여러 설이 있음)

아주 옛날부터 알려진 원소다. 본래는 은백색이지만 표면이 산소와 반응하면서 아름다운 무지개색 막을 형성한다. 주기율표에서 하나 앞의 납(82)이나 하나 뒤인 폴로늄(84)과 달리 독성이 없다. 납(82)이나 주석(50) 등과의 합금(우드 합금)은 녹는점이 낮은 저융점 합금의 하나로 유명하다.

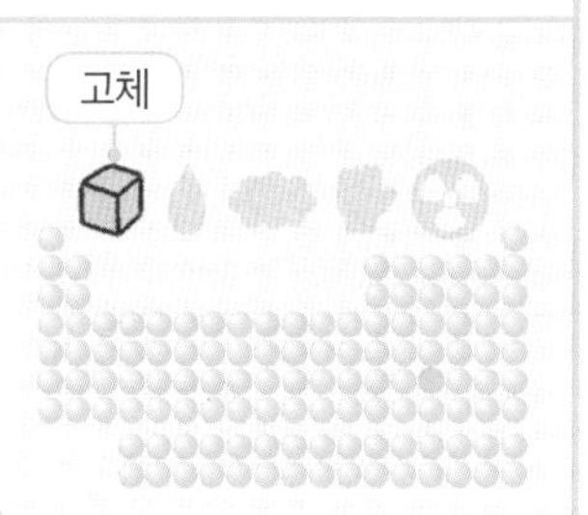

이 합금을 우드 합금이라 한다.

존재량이 가장 적다

발견 : 1940년

85 Astatine

At

아스타틴

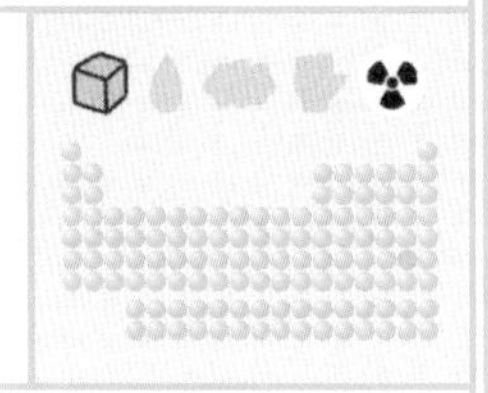

이름 : '불안정'이라는 뜻의
그리스어 아스타토스(astatos)에서 유래

방사성 원소.
바로 붕괴하여 다른 원소로
바뀌기 때문에 천연으로 존재하는
원소로는 존재량이 가장 적다.
기본적으로 인공으로
만들어 낸다.

바로 붕괴하여 변신한다.

굉장히 위험한 원소

발견 : 1898년

84 Polonium

Po

폴로늄

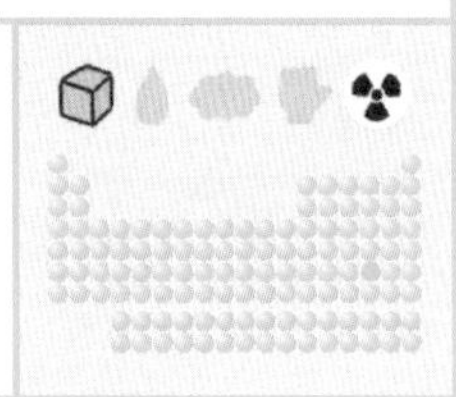

이름 : 발견자의 조국
폴란드(Poland)에서 유래

방사성 원소.
매우 강한 독성이 있는
위험한 원소다.
폴란드에서 태어난 물리학자
마리 퀴리(1867~1934년)*가
발견했다. 일반에서 사용되는
용도는 거의 없다.

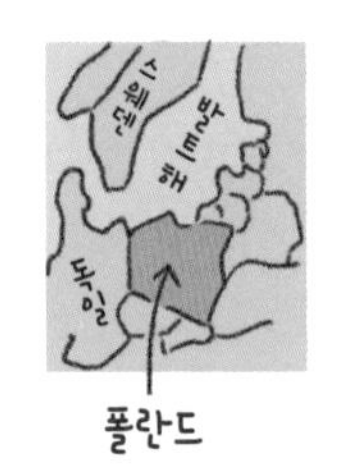

* 퀴리 부인으로 유명하다.

박사님의 한마디

방사성 원소란?

방사성 원소란 '방사선을 방출하는 원소'를 의미하며, 다시 말하면 붕괴해서 다른 원소로 바뀔 때 방사선을 방출하는 원소다. 이 책에서는 이해하기 쉽게 설명하기 위해 방사선은 인체에 해롭다고 했지만(99쪽), 사실은 유익할 때도 있다.

의료 분야에서 엑스레이 촬영에 쓰이는 엑스선은 여러 질병을 진단하는 데 필수적이며, 테크네튬(43)이 방출하는 감마선은 심장병이나 암 진단 시약으로 이용된다. 물론 이때 방사선 에너지는 반드시 약해야 하며 효율적으로 활용하는 것이 중요하다.

한때 시계에 쓰이기도

발견 : 1898년

88 Radium

Ra

라듐

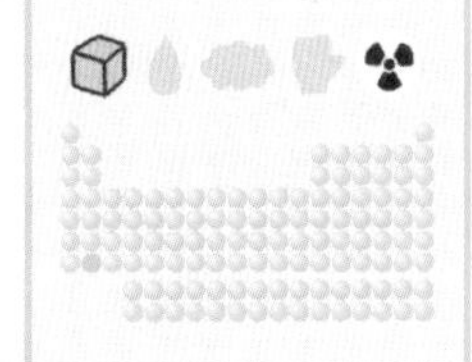

이름 : 방사선을 의미하는
라틴어 라디우스(radius)에서 유래

방사성 원소.
어두운 곳에서 빛을 내므로
과거에는 야광 도료로
사용되었다. 라듐 발견자 중
한 사람인 마리 퀴리는 오랫동안
연구하여 방사선 피폭으로
백혈병에 걸려 사망했다.

예전엔 야광 도료로 사용

온천에서 만날 수 있어요

발견 : 1900년

86 Radon

Rn

라돈

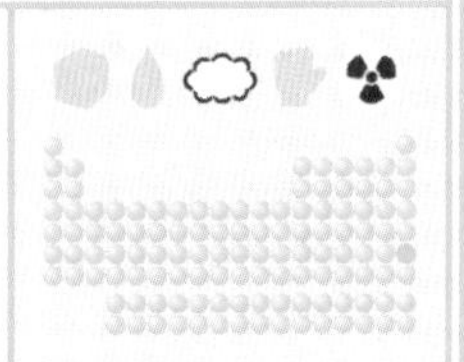

이름 : 이 원소가 생성되는
근원 원소인 라듐(radium)에서 유래

방사성 원소.
네온(10) 등과 마찬가지로
비활성 기체 중 하나다.
라듐(88)이 붕괴할 때 발생하기
때문에 '라돈'이라는 이름이
붙여졌다. 온천이나 지하수에
들어 있는 경우가 있다.

온천 성분

악티늄족의 선두 주자

발견 : 1899년

89 Actinium

Ac

악티늄

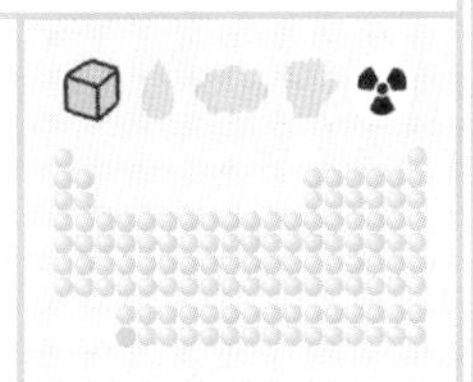

이름 : '광선'을 뜻하는
그리스어 악티스(aktis)에서 유래

방사성 원소.
비슷한 성질을 가진 원소들의
그룹 악티늄족의 선두 주자다.
존재량은 적어 우라늄 광석에
미량 들어 있다. 일반에서
사용하는 용도는 거의 없고
주로 연구용으로 쓰인다.

우라늄 광석

'프랑스'에서 따 오다

발견 : 1939년

87 Francium

Fr

프랑슘

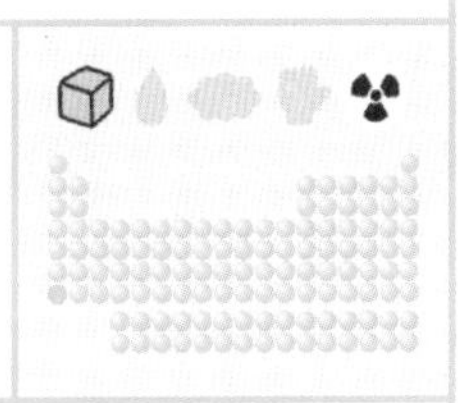

이름 : 발견자의 조국
프랑스(France)에서 유래

방사성 원소.
천연으로 존재하는 원소 가운데
가장 마지막으로 발견되었다.
일반에서 사용하는 용도는 거의
없다. 발견자는 프랑스 여성
화학자 마그리트 페레다.

마그리트 페레
(1909~1975년)

악티늄의 부모 같은 존재

발견 : 1918년

91 Protactinium

Pa

프로트악티늄

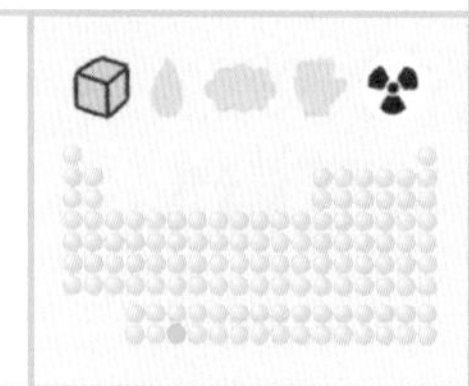

이름 : '최초의'라는 뜻의 그리스어 프로토스(protos)에 악티늄을 더한 것

방사성 원소.
이 원소가 붕괴하면 악티늄(89)으로 바뀐다고 하여 이렇게 이름 지어졌다.
연구용으로 이용되며 일반에 사용되는 용도는 거의 없다.

붕괴하면 악티늄이 된다.

위험한지 모르고 썼었지!

발견 : 1828년

90 Thorium

Th

토륨

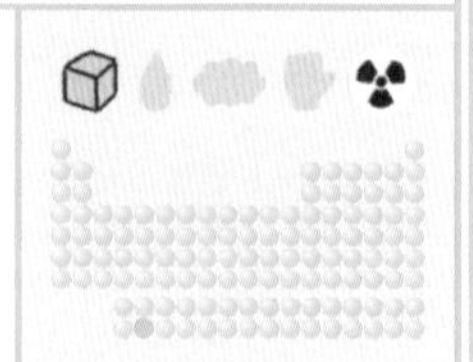

이름 : 토륨이 발견된 토르석(thorite)의 이름이 유래된 북유럽 신 토르(Thor)에서 유래

방사성 원소.
이 원소가 발견된 당시에는 방사능에 대한 지식이 없었으므로 이 원소가 지닌 우수한 내화성과 발광성 때문에 한때는 여기저기에 다양하게 쓰였다.

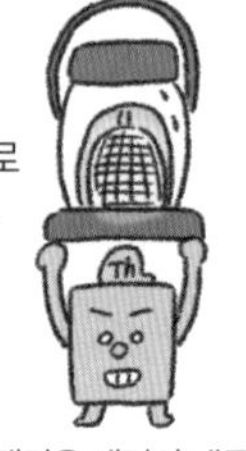
캠핑용 랜턴의 맨틀

원자력 산업의 중심!

발견 : 1789년

92 Uranium

U

우라늄

이름 : 1781년 발견된 행성 천왕성(Uranus)에서 유래

방사성 원소. 우라늄의 원자핵에 중성자를 충돌시키면 핵분열이 일어나면서 막대한 에너지가 발생한다.
이 반응을 제어해 발전하는 것이 원자력 발전이며, 이 반응이 순식간에 일어나는 것이 원자 폭탄이다.

핵분열로 막대한 에너지가 발생

미국이라는 이름을 가진 원소

발견 : 1945년

95 Americium

Am

아메리슘

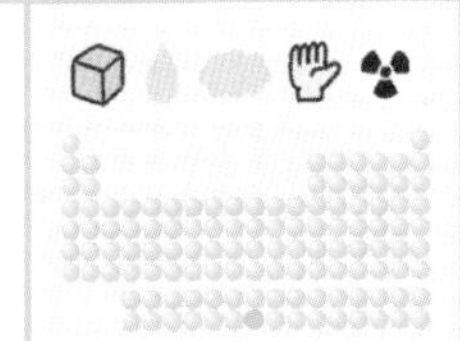

이름 : 주기율표상 바로 위에 유럽을 따서 이름 지은 유로퓸이 있고 미 대륙(America)에서 발견된 데서 유래

인공 방사성 원소.
아메리슘 이후에 이어지는 원소들에는 지명이나 인명에서 유래한 이름이 붙여졌다.
이 원소는 이온화식 연기 검출기, 의료 진단 장비, 계측기 등에 이용된다.

연기 감지기

인공 원소의 선두

발견 : 1940년

93 Neptunium

Np

넵투늄

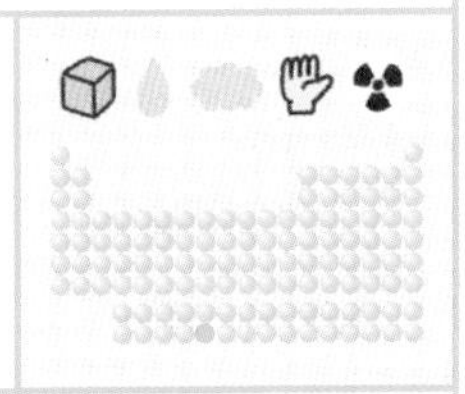

이름 : 우라늄 다음의 원소여서 천왕성 다음 행성인 해왕성(Neptune)에서 유래

인공적으로 만들어지는 원소의 선두.
현재 이 원소와 다음 원소인 플루토늄(94)은 극히 미량이지만 자연계에 존재하는 것으로 밝혀졌다.

넵투늄이 극미량 들어 있는 우라늄 광석

퀴리 부부에 대한 경의

발견 : 1944년

96 Curium

Cm

퀴륨

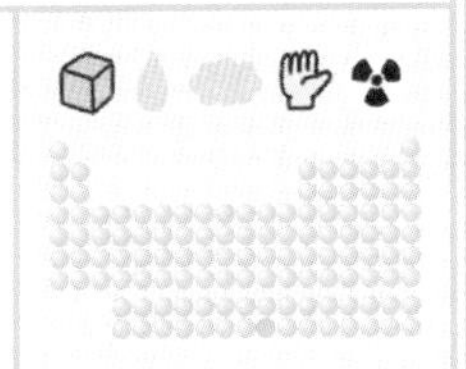

이름 : 방사능 연구에 크게 공헌한 퀴리 부부를 기리며 붙임

인공 방사성 원소.
퀴륨은 퀴리 부부가 아닌 미국의 화학자 글렌 시보그 등이 발견했으며, 주로 연구용으로 쓰인다. 원자력 배터리의 재료로 기대되었으나 플루토늄(94)으로 대체되었다.

퀴리 부부
(마리 퀴리, 피에르 퀴리)

핵무기로 사용되는 원소

발견 : 1940년

94 Plutonium

Pu

플루토늄

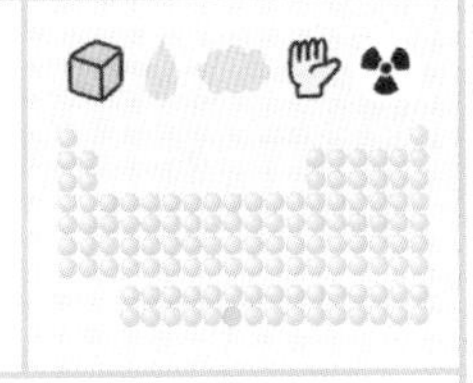

이름 : 넵투늄 다음이므로 해왕성 다음 행성인 명왕성(Pluto)에서 유래

인공 원소.
강력한 방사능과 독성을 지닌다.
원자력 발전의 핵연료나 원자력 배터리*의 에너지, 핵무기로 사용된다.

행성 탐사기나 인공위성의 전원

위대한 물리학자 아인슈타인

발견 : 1952년

99 Einsteinium

Es

아인슈타이늄

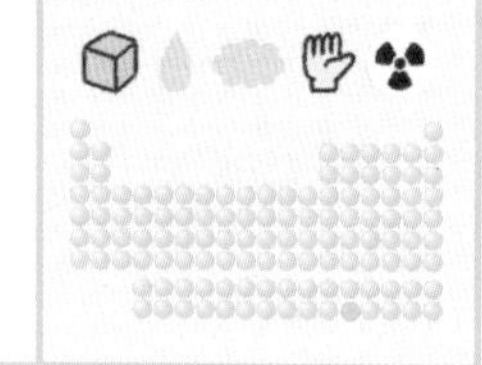

이름 : 독일의 물리학자
알베르트 아인슈타인을 기리며 붙임

인공 방사성 원소. 연구용으로 쓰인다.
이 원소는 1954년 원자로에서
만들어졌다고 발표되었다.
하지만 1952년 있은 세계 최초의
수소 폭탄 실험에서 발생한 잔해물에서
발견되었다. 이 사실은 군사 기밀로
부쳐지다가 1955년 비로소
세상에 발표되었다.

알베르트 아인슈타인
(1879~1955년)

미국 버클리에서 탄생

발견 : 1949년

97 Berkelium

Bk

버클륨

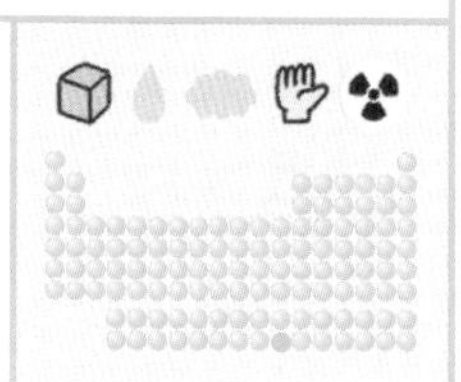

이름 : 합성에 성공한 캘리포니아대학
버클리 캠퍼스가 있는 도시 버클리에서 유래

인공 방사성 원소. 연구용으로 쓰인다.
캘리포니아대학에 소속된
미국의 화학자 글레 시보그
등이 아메리슘(95)과 헬륨(2)을
사용하여 합성해 냈다.
이 원소는 방사성이 강력하여
매우 위험하다.

핵물리학자 페르미

발견 : 1952년

100 Fermium

Fm

페르뮴

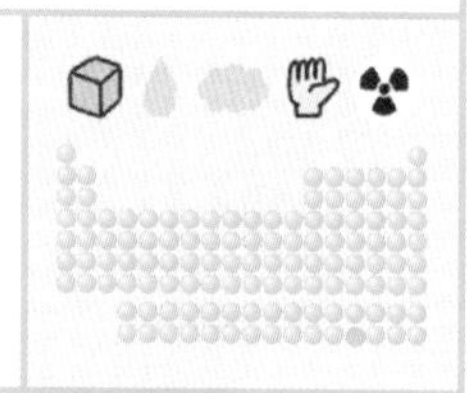

이름 : 이탈리아의 핵물리학자
엔리코 페르미를 기리며 붙임

인공 방사성 원소.
연구용으로 쓰인다.
페르미는 세계 최초로
원자로를 완성한 과학자다.
아인슈타이늄(99)과 마찬가지로
수소 폭탄 실험 중에 발생한
잔해물에서 발견되었다.

엔리코 페르미
(1901~1954년)

캘리포니아 태생이야!

발견 : 1950년

98 Californium

Cf

캘리포늄

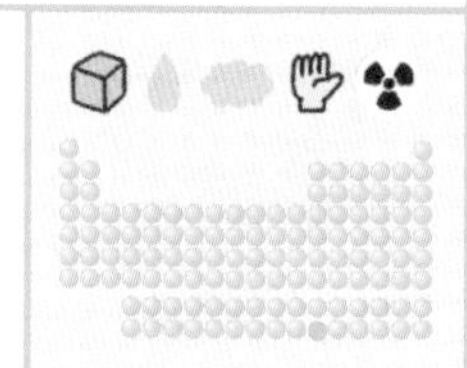

이름 : 합성에 성공한 캘리포니아대학
버클리 캠퍼스가 있는 캘리포니아주에서 유래

인공 방사성 원소.
연구용으로 쓰인다.
미국 시보그 등이 퀴륨(96)과
헬륨(2)으로 합성해 냈다.
암 방사선 치료와 인공 원소의
합성에 이용된다.

입자 가속기의 아버지

발견 : 1961년

103 Lawrencium

Lr

로렌슘

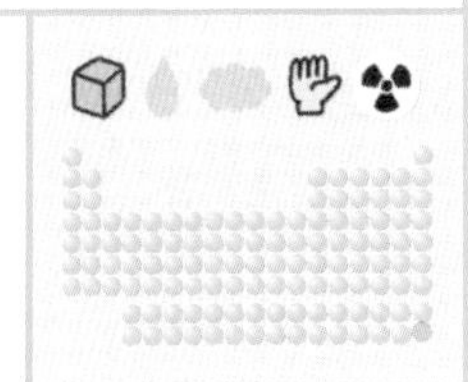

이름 : 미국의 물리학자
어니스트 로런스를 기리며 붙임

인공 방사성 원소.
연구용으로 쓰인다. 미국의
기오르소 등이 소속된 연구팀이
캘리포늄(98)에 붕소(5)를
충돌시켜 만들었다.
로런스는 입자 가속기를
발명해 낸 인물이다.

어니스트 로런스
(1901~1958년)

주기율표의 아버지

발견 : 1955년

101 Mendelevium

Md

멘델레븀

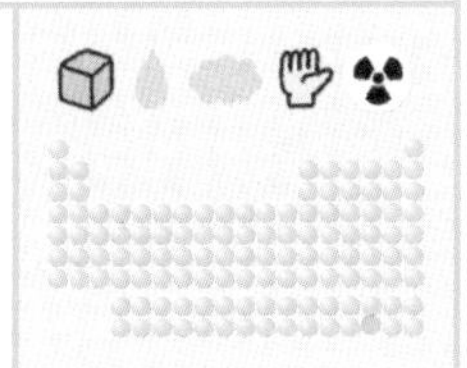

이름 : 러시아의 화학자
드미트리 멘델레예프를 기리며 붙임

인공 방사성 원소.
연구용으로 쓰인다.
38쪽에도 등장하는 멘델레예프는
주기율표의 기틀을 만든 인물이다.
미국의 시보그 연구팀이
아인슈타이늄(99)과
헬륨(2)으로 합성했다.

드미트리 멘델레예프
(1834~1907년)

원자 핵물리학의 아버지

발견 : 1969년

104 Rutherfordium

Rf

러더포듐

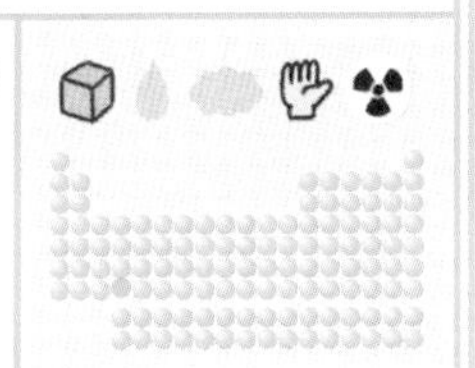

이름 : 영국의 물리학자
어니스트 러더퍼드를 기리며 붙임

인공 방사성 원소.
연구용으로 쓰인다. 미국의
기오르소 등이 소속된 연구팀이
캘리포늄(98)에 탄소(6)를
충돌시켜 만들어 냈다.
러더퍼드는 원자핵을 발견하는 등
원자 핵물리학에 지대한
공헌을 한 인물이다.

어니스트 러더퍼드
(1871~1937년)

노벨상 창설자

발견 : 1958년

102 Nobelium

No

노벨륨

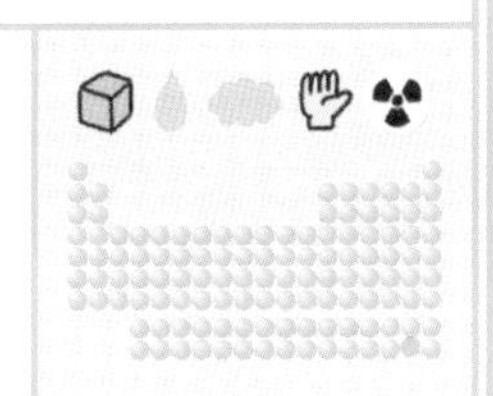

이름 : 스웨덴의 발명가이자 화학자
알프레도 노벨을 기리며 붙임

인공 방사성 원소.
연구용으로 쓰인다.
스웨덴 · 미국 · 러시아가 비슷한
시기에 차례로 이 원소의 합성에
성공했다고 발표했는데, 맨 처음
스웨덴에서 붙인 이름인 노벨륨을
그대로 사용하게 되었다.

알프레도 노벨
(1833~1896년)

천재 물리학자 보어

발견 : 1981년

107 Bohrium

Bh

보륨

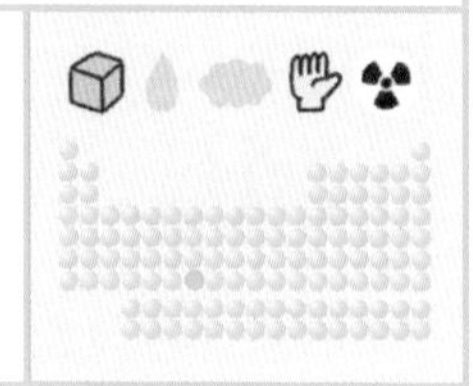

이름 : 덴마크의 물리학자
닐스 보어를 기리며 붙임

인공 방사성 원소.
연구용으로 쓰인다.
독일 중이온 연구소에서
비스무트(83)와 크로뮴(24)을
충돌시켜 만들어 냈다. 원소명의
유래가 된 보어는 양자 역학이라는
학문의 기초를 구축한 인물이다.

닐스 보어
(1885~1962년)

두브나는 모스크바의 북쪽!

발견 : 1967년

105 Dubnium

Db

더브늄

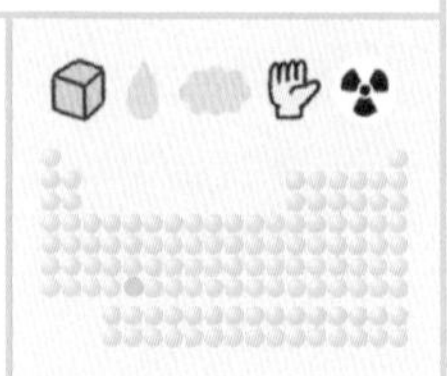

이름 : 합성 · 발견한 연구소가 있던 러시아의 도시
두브나(Dubna)에서 유래

인공 방사성 원소.
연구용으로 쓰인다.
러시아와 미국의 두 연구팀에서
각각 이 원소를 만들어 냈다고
발표했는데, 최종적으로는
러시아의 주장이 받아들여졌다.

독일의 연구소에서 탄생

발견 : 1984년

108 Hassium

Hs

하슘

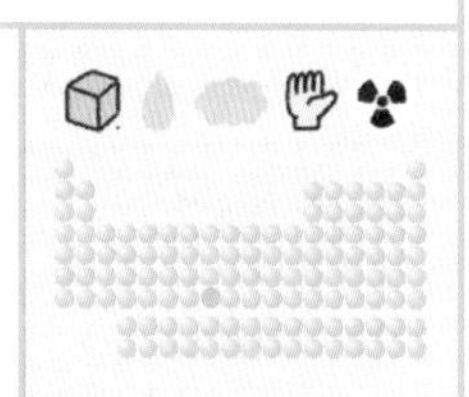

이름 : 연구소가 있는 독일 헤센주의 라틴어 이름
하시아(Hassia)에서 유래

인공 방사성 원소.
연구용으로 쓰인다.
납(82)과 철(26)을
충돌시켜 만들어 냈다.
독일 중이온 연구소가
합성에 최초로 성공하여
명명권을 획득했다.

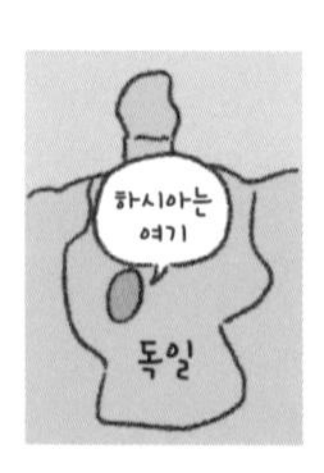

원소계의 거인 시보그

발견 : 1974년

106 Seaborgium

Sg

시보귬

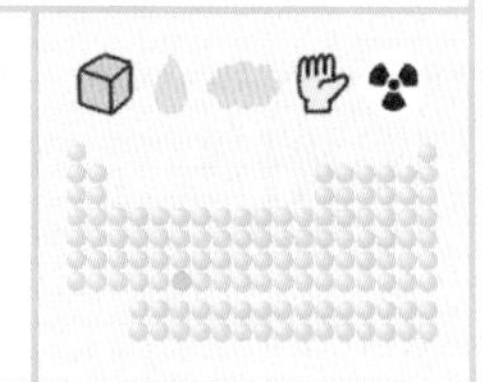

이름 : 미국의 화학자
글렌 시보그를 기리며 붙임

인공 방사성 원소.
연구용으로 쓰인다.
원소명의 유래가 된 시보그는
플루토늄(94)과 아메리슘(95) 등
모두 9개에 이르는 원소를 합성해
냈다. 시보그는 살아 있을 때 이름이
원소명이 된 최초의 인물이다.

글렌 시보그
(1912~1999년)

엑스선 발견 100주년을 기념

발견 : 1994년

111 Roentgenium

Rg

뢴트게늄

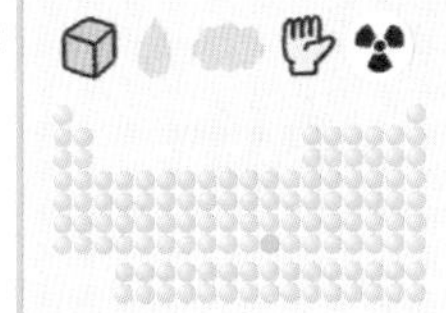

이름 : 독일의 물리학자
빌헬름 뢴트겐을 기리며 붙임

인공 방사성 원소.
연구용으로 쓰인다.
하슘(108) 등과 마찬가지로 독일 중이온 연구소에서 만들어졌다.
뢴트겐이 엑스선을 발견한 지 100주년을 맞이한 기념으로 명명되었다.

빌헬름 뢴트겐
(1845~1923년)

지동설을 주장한 코페르니쿠스

발견 : 1996년

112 Copernicium

Cn

코페르니슘

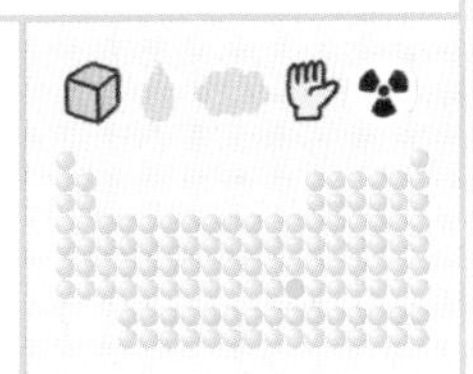

이름 : 폴란드 천문학자
니콜라우스 코페르니쿠스를 기리며 붙임

인공 방사성 원소. 연구용으로 쓰인다.
이름의 유래가 된 코페르니쿠스는 지동설을 주장한 것으로 널리 알려진 인물이다. 하슘(108), 마이트너늄(109), 다름슈타튬(110)과 같은 연구소에서 만들어졌다.

니콜라우스 코페르니쿠스
(1473~1543년)

핵분열을 발견한 마이트너

발견 : 1982년

109 Meitnerium

Mt

마이트너륨

이름 : 오스트리아의 여성 물리학자
리제 마이트너를 기리며 붙임

인공 방사성 원소.
연구용으로 쓰인다.
하슘(108)과 마찬가지로 독일 중이온 연구소에서 만들어졌다. 원소명의 유래가 된 마이트너는 핵분열 발견에 지대한 공헌을 한 인물이다.

리제 마이트너
(1878~1968년)

다름슈타트에서 탄생

발견 : 1994년

110 Darmstadtium

Ds

다름슈타튬

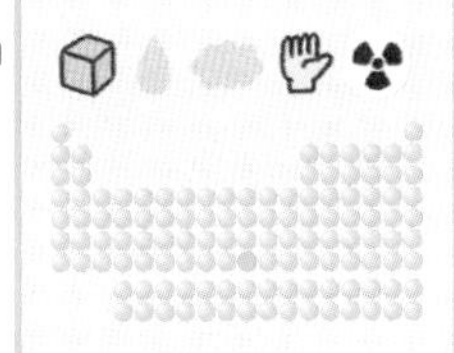

이름 : 연구소가 있는 독일의 도시
다름슈타트(Darmstadt)에서 유래

인공 방사성 원소.
연구용으로 쓰인다.
하슘(108), 마이트너륨(109)과 같이 합성에 성공한 독일의 중이온 연구소에 명명권이 주어졌다.
납(82)과 니켈(28)을 충돌시켜 만들었다.

다름슈타트시의 문장

러시아와 미국의 공동 연구

발견 : 1999년

114 Flerovium

Fl

플레로븀

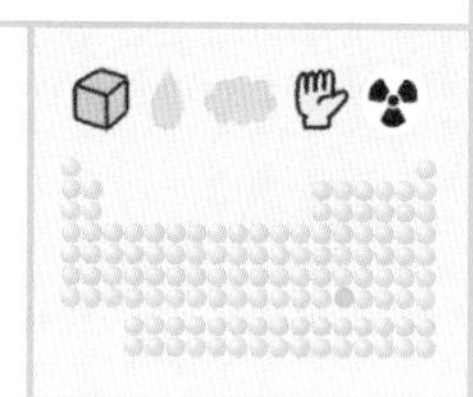

이름 : 러시아 핵물리학자
게오르기 플레로프를 기리며 붙임

인공 방사성 원소.
연구용으로 쓰인다.
러시아와 미국의 공동 연구팀이 플루토늄(94)과 칼슘(20)을 충돌시켜 만들어 냈다.
이름의 유래가 된 플레로프는 러시아 두브나 합동 원자핵 연구소의 창설자다.

게오르기 플레로프
(1913~1990년)

아시아 최초의 명명권

발견 : 2004년

113 Nihonium

Nh

니호늄

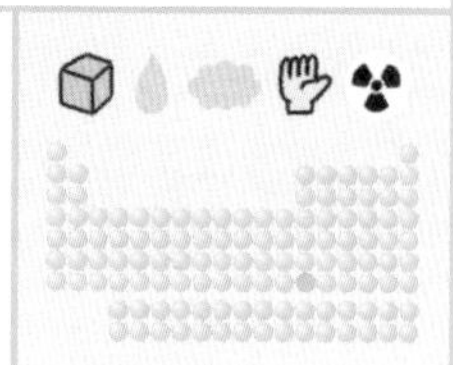

이름 : 명명권을 가진 일본을 뜻하는
니혼(Nihon)에서 유래

인공 방사성 원소.
연구용으로 쓰인다.
일본 이화학 연구소의 연구팀이 비스무트(83)와 아연(30)을 충돌시켜 만들어 냈다.
아시아 최초로 원소 명명권을 획득했다.

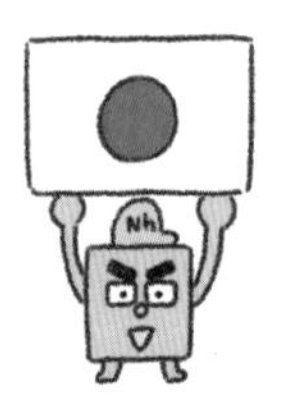

박사님의 한마디

원소 명명법

신원소의 이름을 만드는 데에는 몇 가지 규칙이 있어서 아무리 명명권을 부여받았다고 해도 마음대로 이름을 붙일 수는 없다. 예를 들어 국가명이나 지명·인명을 토대로 이름을 짓는 것은 문제가 되지 않지만, 회사나 조직의 이름을 붙이지 못한다.

그리고 영어명의 어미는 '~ium'이어야 한다. 하지만 주기율표의 17족은 '~ine', 18족은 '~on'이어야 한다는 등의 규정이 있다.

또한 이전에 이미 제안된 원소명은 사용할 수 없다는 규정도 있다.

마찬가지로 공동 연구

발견 : 2010년

117 Tennessine

Ts

테네신

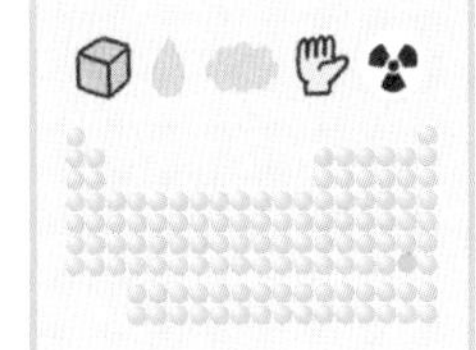

이름 : 발견한 연구소가 있는
미국의 테네시주에서 유래

인공 방사성 원소.
연구용으로 쓰인다.
플레로븀(114), 모스코븀(115),
리버모륨(116)과 같이 두 나라의
공동 연구팀이 버클륨(97)과
칼슘(20)을 충돌시켜 만들어
냈다. 니호늄(113)과 같은 시기에
확정된 원소 중 하나다.

이것도 러시아와 미국의 공동 연구

발견 : 2004년

115 Moscovium

Mc

모스코븀

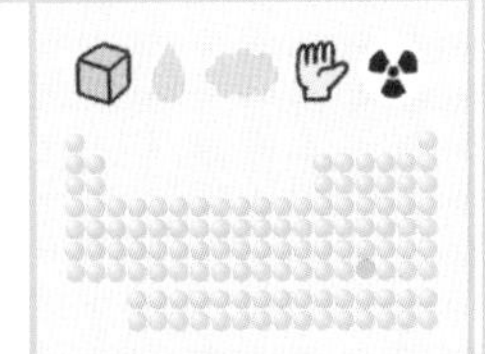

이름 : 발견한 연구소가 있는
러시아의 모스크바주에서 유래

인공 방사성 원소.
연구용으로 쓰인다.
플레로븀(114)과 마찬가지로
러시아와 미국의 공동 연구팀이
아메리슘(95)과 칼슘(20)을
충돌시켜 만들어 냈다.
니호늄(113)과 같은 시기에
확정된 원소 중 하나다.

모스크바 두브나
합동 원자핵 연구소

생존 시 원소명이 된 과학자

발견 : 2002년

118 Oganesson

Og

오가네손

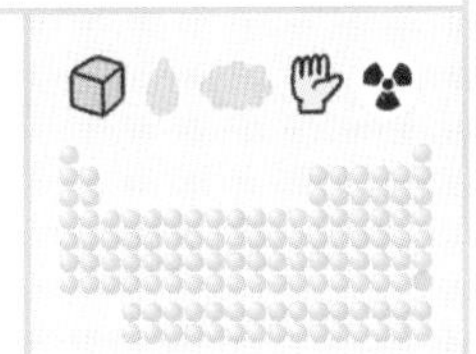

이름 : 러시아 핵물리학자
유리 오가네시안을 기리며 붙임

인공 방사성 원소.
연구용으로 쓰인다.
플레로븀(114)과 마찬가지로
러시아와 미국의 공동 연구팀이
만들었다. 오가네시안은 살아 있을
때 원소명이 된 두 번째 인물이다.*
니호늄(113)과 같은 시기에 확정된
원소 중 하나다.

유리 오가네시안
(1933년~)

이것도 러시아와 미국의 공동 연구

발견 : 2000년

116 Livermorium

Lv

리버모륨

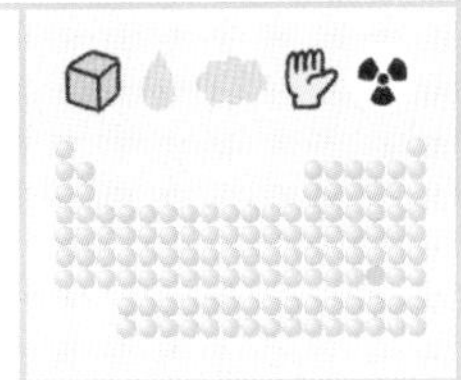

이름 : 발견된 연구소가 있는
미국 캘리포니아주 리버모어에서 유래

인공 방사성 원소.
연구용으로 쓰인다.
앞의 플레로븀(114),
모스코븀(115)과 같이
두 나라의 공동 연구팀이
퀴륨(96)과 칼슘(20)을
충돌시켜 만들어 냈다.

* 첫 번째 인물은 글렌 시보그

54~55쪽

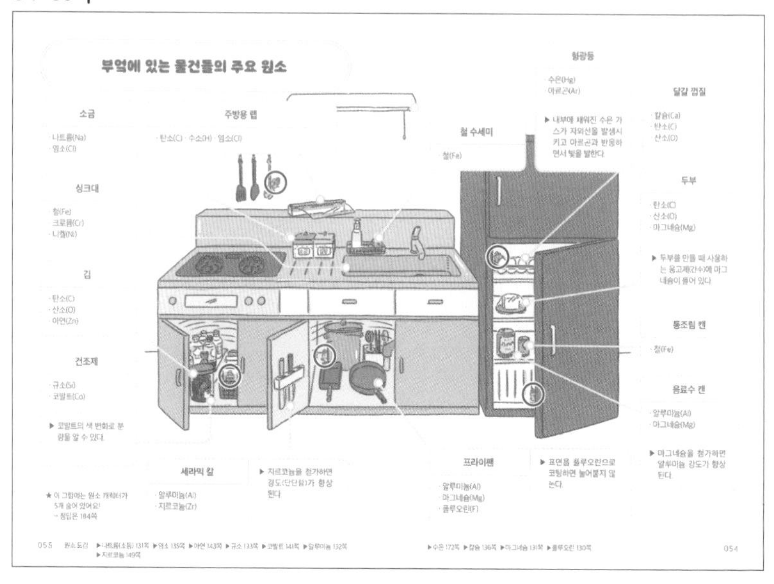

부엌에 있는 물건들의 주요 원소

소금
· 나트륨(Na)
· 염소(Cl)

주방용 랩
· 탄소(C) · 수소(H) · 염소(Cl)

싱크대
· 철(Fe)
· 크로뮴(Cr)
· 니켈(Ni)

김
· 탄소(C)
· 산소(O)
· 아연(Zn)

건조제
· 규소(Si)
· 코발트(Co)

▶ 코발트의 색 변화로 분량을 알 수 있다

세라믹 칼
· 알루미늄(Al)
· 지르코늄(Zr)

▶ 지르코늄을 첨가하면 경도(단단함)가 향상된다

★ 이 그림에는 원소 캐릭터가 5개 숨어 있어요! → 정답은 184쪽

형광등
· 수은(Hg)
· 아르곤(Ar)

▶ 내부에 채워진 수은 가스가 자외선을 발생시키고 아르곤과 반응하면서 빛을 발한다

철 수세미
· 철(Fe)

달걀 껍질
· 칼슘(Ca)
· 탄소(C)
· 산소(O)

두부
· 탄소(C)
· 산소(O)
· 마그네슘(Mg)

▶ 두부를 만들 때 사용하는 응고제(간수)에 마그네슘이 들어 있다

통조림 캔
· 철(Fe)

음료수 캔
· 알루미늄(Al)
· 마그네슘(Mg)

▶ 마그네슘을 첨가하면 알루미늄 강도가 향상된다

프라이팬
· 알루미늄(Al)
· 마그네슘(Mg)
· 플루오린(F)

▶ 표면을 플루오린으로 코팅하면 눌어붙지 않는다

055 원소 도감 ▶나트륨(소듐) 131쪽 ▶염소 135쪽 ▶아연 143쪽 ▶규소 133쪽 ▶코발트 141쪽 ▶알루미늄 132쪽 ▶지르코늄 149쪽

▶수은 172쪽 ▶칼슘 136쪽 ▶마그네슘 131쪽 ▶플루오린 130쪽 054

58~59쪽

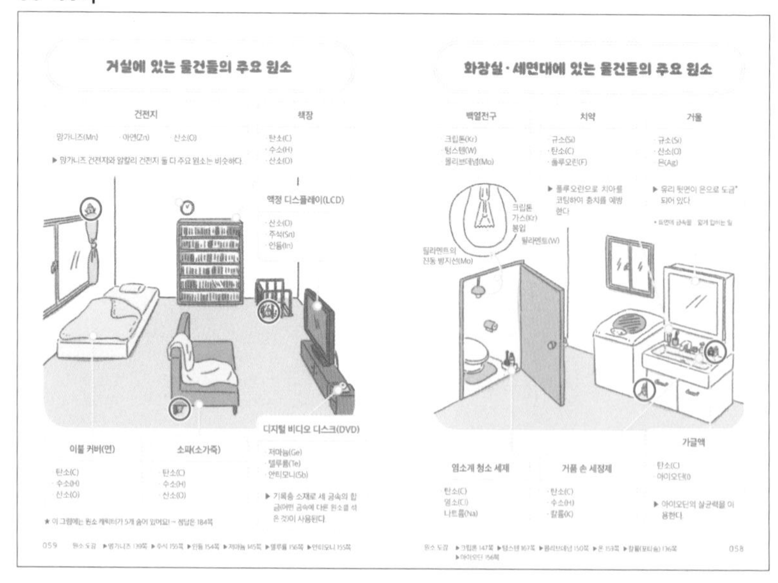

거실에 있는 물건들의 주요 원소

건전지
· 망가니즈(Mn) · 아연(Zn) · 산소(O)

▶ 망가니즈 건전지와 알칼리 건전지 둘 다 주요 원소는 비슷하다

책장
· 탄소(C)
· 수소(H)
· 산소(O)

액정 디스플레이(LCD)
· 산소(O)
· 주석(Sn)
· 인듐(In)

디지털 비디오 디스크(DVD)
· 저마늄(Ge)
· 텔루륨(Te)
· 안티모니(Sb)

▶ 기록층 소재로 세 금속의 합금(어떤 금속에 다른 원소를 섞은 것)이 사용된다

이불 커버(면)
· 탄소(C)
· 수소(H)
· 산소(O)

소파(소가죽)
· 탄소(C)
· 수소(H)
· 산소(O)

★ 이 그림에는 원소 캐릭터가 5개 숨어 있어요! → 정답은 184쪽

059 원소 도감 ▶망가니즈 139쪽 ▶주석 155쪽 ▶인듐 154쪽 ▶저마늄 145쪽 ▶텔루륨 156쪽 ▶안티모니 155쪽

화장실 · 세면대에 있는 물건들의 주요 원소

백열전구
· 크립톤(Kr)
· 텅스텐(W)
· 몰리브데넘(Mo)

크립톤 가스(Kr) 봉입
필라멘트(W)
필라멘트의 진동 방지선(Mo)

치약
· 규소(Si)
· 탄소(C)
· 플루오린(F)

▶ 플루오린으로 치아를 코팅하여 충치를 예방한다

거울
· 규소(Si)
· 산소(O)
· 은(Ag)

▶ 유리 뒷면이 은으로 도금* 되어 있다

* 표면에 금속을 얇게 입히는 일

염소계 청소 세제
· 탄소(C)
· 염소(Cl)
· 나트륨(Na)

거품 손 세정제
· 탄소(C)
· 수소(H)
· 칼륨(K)

가글액
· 탄소(C)
· 아이오딘(I)

▶ 아이오딘의 살균력을 이용한다

원소 도감 ▶크립톤 147쪽 ▶텅스텐 167쪽 ▶몰리브데넘 150쪽 ▶은 153쪽 ▶칼륨(포타슘) 136쪽 ▶아이오딘 156쪽 058

부 록 (숨어 있는 캐릭터 찾기 정답)

72~73쪽

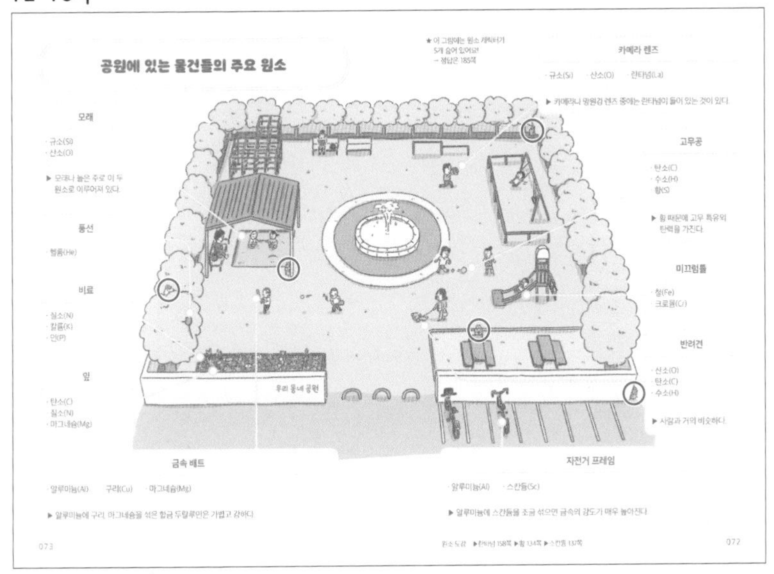

76~77쪽

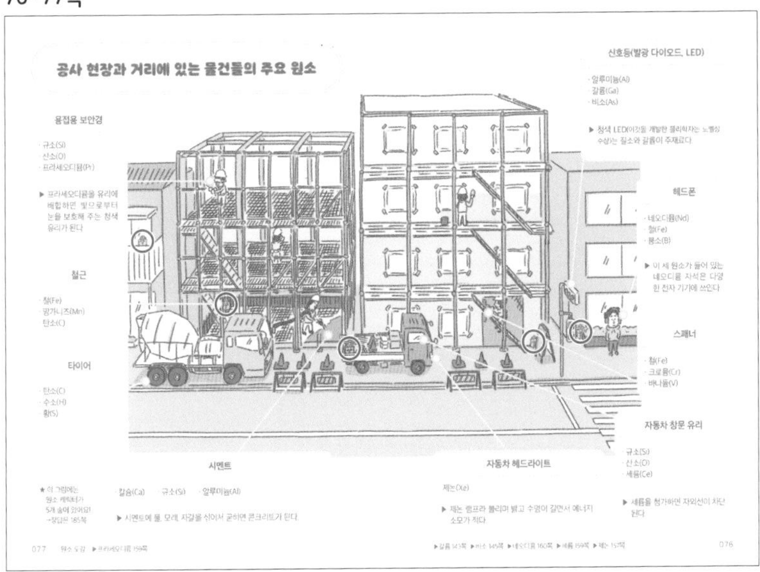

맺음말

책을 끝까지 읽어 주어서 고맙습니다. 이 책의 작가 이공계 일러스트레이터 우에타니 부부입니다. 이름 그대로 부부로 활동하고 있습니다. 참고로 맺음말은 남편인 제가 쓴 글입니다.

저는 예전에 화장품 제조 회사 연구원으로 재직하면서 다양한 화장품 개발에 참여했습니다. 그 당시 한참 무실리콘(실리콘 무첨가) 샴푸가 유행했는데, 옆 부서에서 그 샴푸들을 수집해 성능을 시험하는 것을 자주 보았습니다. 저는 처음에는 '무실리콘 샴푸'라는 말이 잘 이해되지 않았습니다.

왜냐하면 저에게 실리콘은 규소여서 '규소가 안 들어간 샴푸라니?'라고 생각되었기 때문입니다. 그런데 사실 '샴푸의 실리콘'에서 실리콘이란 silicone(규소 수지), 그러니까 규소와 산소가 결합한 구조의 오일 성분을 말하는 것인데 저는 발음 그대로 silicon(실리콘), 즉 규소를 떠올린 것입니다. 말하자면 무실리콘 샴푸는 오일이 들어 있지 않다는 점을 강조하는 샴푸였던 셈입니다. 실리콘과 실리콘, 발음이 똑같으니 오해할 만도 하죠?(아닌가요?^^)

그건 그렇고 이 책은 화장품만 아니라 '우리 주변에 다양한 형태로 다양한 원소가 존재한다'는 사실을 주제로 만든 책입니다. 우리 몸을 비롯해 집 안의 물건, 집 밖, 가게, 병원 등 원소가 여러 가지 사물을 구성하고 있다는 것을 알기 쉽게 그려 내려고 노력했습니다. 이 책을 읽고 나서 주변 물건을 바라보는 관점이 조금이라도 바뀐다면 보람이 있을 것 같습니다. 나아가서 원소를 더 자세히 알고 싶다는 호기심까지 생긴다면 더할 나위 없이 기쁘겠습니다.

감수, 디자인, 편집을 맡은 여러 사람의 노고 덕분에 이 책을 완성할 수 있었습니다. 정말 고맙습니다. 앞으로도 만화와 일러스트를 통해 많은 이에게 과학과 화학의 묘미와 신비로움을 전해 나가도록 하겠습니다.

우에타니 부부

참고 문헌

사마키 다케오·다나카 료지, 송지혜 옮김, 《알기 쉬운 원소도감》, 동아사이언스, 2013(左巻健男, 田中陵二, 《よくわかる元素図鑑》, PHPエディターズ·グループ, 2012).

시어도어 그레이, 꿈꾸는과학 옮김, 《세상의 모든 원소 118》, 영림카디널, 2012(Theodore Grey, *The Elements*, Black Dog & Leventhal, 2009).

요리후지 분페이, 나성은·공영태, 《원소 생활》, 이치사이언스, 2011(寄藤文平, 《元素生活》, 化学同人, 2009).

요시다 다카요시, 박현미 옮김, 《주기율표로 세상을 읽다》, 해나무, 2017(吉田たかよし, 《元素周期表で世界はすべて読み解ける》, 光文社, 2012).

톰 잭슨, 김현정 옮김, 《세상을 이루는 모든 원소 118》, 예림당, 2017(Tom Jackson, *The Periodic Table Book*, DK Children, 2017).

국립천문대 편, 《이과 연표 헤이세이 29년》(国立天文台 編, 《理科年表 平成29年》, 丸善出版, 2016).

사이토 가쓰히로, 《대단해! 희소금속》(斎藤勝裕, 《すごい！希少金属》, 日本実業出版社, 2016).

사이토 가쓰히로, 《이상한 금속 대단한 금속》(斎藤勝裕, 《へんな金属 すごい金属》, 技術評論社, 2009).

사쿠라이 히로시 편, 《원소 118의 신지식》(桜井弘 編, 《元素118の新知識》, 講談社, 2017).

앤 루니, 《화학 이야기》(Anne Rooney, *The Story of Chemistry*, Sirius London, 2018).

어린이의과학 편집부 편, 《몽땅 알 수 있는 118 원소도감》(子供の科学編集部 編, 《ぜんぶわかる118元素図鑑》, 誠文堂新光社, 2017).

《개정판 포토사이언스 화학도감》(《改訂版 フォトサイエンス化学図鑑》, 数研出版, 2013).

《완전도해 원소와 주기율표》(《完全図解 元素と周期表》, ニュートンプレス, 2018).

《원소 주기율표 완벽 가이드》(《元素周期表パーフェクトガイド》, 誠文堂新光社, 2017).

한 소개에서 시작하여 점차 집 안, 공원, 상점, 병원, 연구소 등으로 공간을 바꾸어 가면서 만날 수 있는 원소들을 알려 준다. 이렇게 모든 원소에 대한 기본적인 정보를 습득하다 보면 물질을 한층 잘 이해하게 된다.

모쪼록 이 책을 재미있게 읽으면서 원소에 대한 이해를 넓히고, 나아가 우리가 사는 세상을 구성하는 물질에도 관심을 가지면서 탐구해 보는 자세를 가져 보기를 당부한다.

노석구(경인교육대학교 과학교육과 교수)

감수의 글

우리가 살고 있는 세상은 물질로 이루어져 있다.

여러분은 아침이면 침대 위에 누운 채 눈을 뜬다. 그럼 침대는 무엇으로 이루어져 있을까? 보통 나무, 철 등의 금속, 플라스틱 등이 침대를 구성하는 주요 물질이다. 세수를 한 다음 음식이 차려진 식탁에 앉아 아침 식사를 한다. 식탁 위의 음식에 들어 있는 물, 설탕, 소금, 식초 등은 하나 또는 적은 수의 물질로 이루어져 있으며 찌개나 고기, 채소 등은 이러한 간단한 물질이 여러 종류 섞인 집합체다. 집을 나와 등교할 때 이용하는 자전거나 자동차, 학교에서 사용하는 학용품이나 비품 역시 하나 또는 여러 종류의 물질로 구성되어 있다.

이렇게 우리가 먹고, 마시고, 입고, 생활하는 데 필요한 모든 사물은 물질로 이루어져 있다. 여기에서 범위를 넓혀 지구 전체 또는 우주를 생각해 보아도 우리는 온통 물질에 둘러싸여 있다. 따라서 우리가 좀 더 슬기롭게 생활하려면 물질이란 무엇인지 그리고 각각의 물질은 어떤 성질을 갖고 있는지를 이해해야 한다.

예를 들어 물은 기름과 섞이지 않는다는 것을 안다면 기름때는 물만으로 씻어 내기 어려우니 세제가 필요하다는 사실을 유추해 낼 수 있으며, 물이 얼음이 되면 부피가 커진다는 것을 안다면 냉동실에서 물병을 얼릴 때 물을 가득 채워서는 안 된다는 사실을 생각할 수 있다.

물질의 성질을 알기 위해서는 물질을 구성하는 기본 입자를 이해해야 하는데, 물질을 구성하는 기본 입자로는 원자 · 분자 · 이온 등을 들 수 있다. 하지만 물질을 구성하는 성분인 원소를 알아보는 것이 무엇보다 중요하다.

이 책은 다음과 같은 장점을 갖추고 있어 여러분이 원소를 제대로 이해하는 데 훌륭한 안내서가 되어 줄 것이다.

첫째, 딱딱한 텍스트 중심이 아니라 만화로 되어 있어 쉽게 읽을 수 있으며, 재미있게 읽다 보면 어느새 원소에 대한 이해도가 높아져 있는 자신을 발견할 것이다. 둘째, 박사와 우주인 주기율표 군의 만남에서 시작되어 주기율표 군이 박사의 집과 주변에 대한 탐색을 하는 과정에서 원소에 대한 이야기를 풀어 나가는 형식으로 되어 있어 흥미롭게 책장을 넘길 수 있다. 셋째, 원소와 주기율표에 대한 간략

원자 • 모든 물질을 구성하는 작은 입자. 원자핵과 전자로 구성된다.

원자력 발전 • 우라늄 등 핵연료를 핵분열시킬 때 발생하는 열을 이용해 전기를 생산하는 방법.

원자 번호 • 원소마다 주어진 고유 번호. 이 숫자는 각 원소의 원자핵에 들어 있는 양성자 수를 나타낸다.

원자시계 • 원자의 미세한 상태 변화를 이용한 시계로 정밀도가 매우 높다.

원자핵 • 원자 중심에 있는 입자. 양성자와 중성자로 구성된다.

입자 가속기 • 중성자와 전자 등의 입자를 고속으로 가속하여 다른 원자핵에 충돌시킬 수 있는 거대한 장치. 인공 원소의 연구 등에 쓰인다.

전이 금속 • 주기율표의 3~11족에 속한 원소로 세로줄뿐만 아니라 가로줄에 배열된 것들도 서로 유사한 성질을 갖는다.

전자 • 원자를 구성하는 입자로 원자핵 주위에 존재하며, 음의 전하를 띤다.

전형 원소 • 주기율표의 1족, 2족, 12~18족에 속한 원소로 세로줄 원소들은 서로 유사한 성질을 갖는다.

족 • 주기율표의 세로줄.

주기 • 주기율표의 가로줄.

주기율표 • 원소를 원자 번호 순서대로 배열하여 분류 · 정리한 표.

중성자 • 원자핵을 구성하는 입자로 양성자와 달리 전하를 띠지 않는다.

초전도 • 어느 온도 이하에서 전기 저항이 0이 되어 전자가 쉽게 흐르는 상태.

촉매 • 화학 반응의 속도를 높이는 물질.

합금 • 한 금속에 다른 원소를 혼합한 재료.

핵분열 • 우라늄 등의 큰 원자가 작은 원자 2개로 쪼개지는 반응.

핵연료 • 원자력 발전에서 에너지의 발생원이 되는 물질. 주로 우라늄이 쓰인다.

핵융합 • 작은 원자핵이 충돌하여 큰 원자핵이 되는 반응으로, 이때 막대한 에너지를 방출한다. 예를 들어 태양에서는 수소 원자가 4개 충돌하여 헬륨 원자가 되는 핵융합이 일어난다.

핵의학 검사 • 체내에 방사성 물질을 주사로 주입한 뒤 그 물질이 내는 방사선을 체외 장치로 검출해 내는 검사. 심장병 진단 등에 쓰인다.

홑원소 물질 • 한 종류의 원소로만 구성된 물질.

화합물 • 두 종류 이상의 원소가 결합해 있는 물질.

희소 금속 • 산업적으로 중요한 원소로 선정된 원소. 몇몇 나라에 매장·생산이 치우쳐 있

용어 해설

강자성체 • 자석에 잘 붙는 성질을 지닌 물체. 철과 코발트, 니켈 등이 있다.

결정 • 원자가 규칙적으로 배열된 고체.

광격자 시계 • 레이저와 원자를 활용한 경이적인 정밀도를 지닌 시계로 3천억 년에 1초의 오차가 있다.

녹는점 • 고체에서 액체로 바뀌기 시작하는 온도

도금 • 표면에 금속 막을 코팅하는 일. 내구성 등을 높이기 위해서 한다.

동소체 • 똑같은 원소로 구성되어 있으나 원자의 결합 방식과 구조가 다른 것을 말한다. 예를 들어 탄소에서의 흑연과 다이아몬드가 그렇고, 인과 황에도 동소체가 있다.

동위체 • 원자 번호는 동일하고(즉 같은 원소) 중성자 수가 다른 원자.

란타넘족 • 원자 번호 57~71의 15개 원소 그룹. 여기에 속한 원소는 서로 유사한 성질을 갖는다.

레이저 • 쉽게 말하면 가늘고 강한 빛의 빔을 말한다. 통신과 수술, 측량, 재료 가공 등 다양한 분야에 활용된다.

반도체 • 온도와 빛의 유무 등 조건에 따라 전기의 전도도가 변하는 물질.

방사선 • 에너지를 갖는 빛이나 입자의 흐름으로, 원자핵이 붕괴할 때 방출된다. 알파선과 감마선, 엑스선 등 여러 종류가 있으며 에너지의 강도는 각각 다르다.

방사성 원소 • 방사선을 발하는 원소.

비활성 기체 • 주기율표의 18족(맨 오른쪽 줄)에 배열된 원소 그룹. 모두 기체이며 다른 물질과 반응하지 않는 성질이 있다.

악티늄족 • 원자 번호 89~103의 15개 원소 그룹으로 모두 방사성 원소다.

알칼리 금속 원소 • 주기율표의 1족(맨 왼쪽 줄)에 배열된 원소 그룹(수소는 제외). 모두 무르며 물과 잘 반응하는 성질이 있다.

양성자 • 원자핵을 구성하는 입자이며 양의 전하를 띤다.

영구 자석 • 흔히 볼 수 있는 일반 자석을 말한다. 엄밀하게 말하면 외부로부터의 에너지(전기 등)가 없어도 자력을 띠는 것을 말한다. 반면 전기가 흐를 때만 자력을 띠는 것은 전자석이라고 부른다.

원소 • 양성자 수가 같은 원자들의 묶음. 현재까지 118종류가 확인되었다.

원소 기호 • 각각의 원소와 원자를 나타내기 위한 기호로 알파벳으로 표기한다.

으며 나라마다 희소 금속의 수가 다르다(한국은 리튬, 마그네슘, 스트론튬, 지르코늄, 붕소, 게르마늄 등 56개 — 옮긴이). 희토류 원소는 희소 금속에 포함된다. 144쪽 참고.

희토류 원소 • 자연계에 매우 드물게 존재하는 금속 원소로, 산업에서 중요성이 크다. 란타넘족(원자 번호 57~71)과 스칸듐(21), 이트륨(39)의 17개 원소를 이른다. 137쪽 참고.

아라하 연구소
음~
그나저나
이 구멍은 어쩐다…

찾아보기

빨간 숫자는
'재밌게 배우는
원소 도감'의 페이지

옮긴이 **오승민**

연세대학교 화학과를 졸업하고 성균관대학교 제약학과를 졸업했다. 현재 번역 에이전시 엔터스코리아에서 출판기획 및 일본어 전문 번역가로 활동하고 있다. 옮긴 책으로는 《재밌어서 밤새 읽는 원소 이야기》《모여라 원소 시티로!》《비커 군과 실험기구 선배들》《비커 군과 실험실 친구들》《의외로 수상한 식물도감》《오늘의 별자리를 들려드립니다》《울지마 인턴》 등이 있다.

주기율표 군, 원소를 찾아 줘!

1판 1쇄 발행 | 2023년 7월 14일
1판 4쇄 발행 | 2025년 1월 17일

지은이 | 우에타니 부부
옮긴이 | 오승민
감수자 | 사마키 다케오·노석구

발행인 | 김기중
펴낸곳 | 도서출판 더숲
주소 | 서울시 마포구 동교로 43-1 (04018)
전화 | 02-3141-8301
팩스 | 02-3141-8303
이메일 | info@theforestbook.co.kr
페이스북 | @forestbookwithu
인스타그램 | @theforest_book
출판신고 | 2009년 3월 30일 제2009-000062호

ISBN | 979-11-92444-49-9 03400